Leica

时尚 TRENDS

THE LEGEND OF

LEICA

徕卡相机传奇

伍振荣、胡民炜、黎韶琪◎编撰

中国摄影出版社
CHINA PHOTOGRAPHIC PUBLISHING HOUSE

C o n t

目录

e n t s

专访德国徕卡要员
揭开徕卡相机秘密

随着数码时代来临，Leica与时并进地推出了LEICA M8.2相机，可能很多Leica摄影师都曾问过，LEICA M8.2如何承继Leica的传统设计理念？Leica如何评价LEICA M8.2？在快速发展的数码年代，Leica还会慢工细作地推出相机吗？这些问题都会有答案，我们访问了Leica要员，Stefan Daniel先生（Director Product Management at Leica Camera AG），他在这次访谈中为我们解开所有疑问。

摄影的最佳选择

Q 毫无疑问，LEICA M系统屹立相机界超过半个世纪，并早已成为相机历史的传奇，M8.2现在也是数码时代的承传。你可否说说你们如此重视LEICA M的原因？而Leica对M有什么信念？

A LEICA M8.2就像过去所有M相机那样，建基于对摄影非常独特的态度。我们之所以能够保持极为谧静、不事张扬、绅士风度般地拍摄相片，全赖其轻便小巧、操作宁静和简约的设计。我们多年来不断地获得用家对相机的回应，他们能够用LEICA M拍摄一些单镜反光相机从来也不能捕捉的影像。因此LEICA M相机是单镜反光系统不可比拟的最佳摄影选择。

Q 我们肯定大部分LEICA M用家都有他们选择LEICA M的理由。他们为相机的可靠、细致和耐用充满自豪。请问你可否告知我们LEICA M相机对用家来说有什么优点？

A LEICA M相机系统是现时相机界中最纤巧的可换镜头相机，M相机结合了细小的体积和世界公认最好的镜头、干净利落和直观式的操作理念，加上累积了卓越的「触感」经验，令摄影师操作LEICA M相机时，不但是为了享受观看那最终拍摄的高质量相片，而且相机本身也成为了让人渴望拥有的艺术品。

Q 很明显Leica相机的每个时代改进都显得非常稳定和慢工细作。Leica让我们看到每次推出新型号都是谨小慎微和真挚诚恳地回应每个摄影师的需要，而每个型号的推出都经过长时间的研发，这种是不是Leica开发相机的哲学呢？你觉不觉得这种理念可以应用在数码相机时代？

A 数码摄影科技的快速发展会增加LEICA M摄影器材的实际利益。拥有极长寿命并采用银盐菲林的M相机，例如连续生产了16年的M6，肯定在数码时代完结了。因此，数码M相机的生命周期会比他的菲林姐妹相机短得多，但我们会专注于那些让顾客获得前所未有优质相片的科技，而不是玩弄技术的小玩意。

Q 经过一个世纪的发展，Leica RF相机已经成为135菲林格式的里程碑，毫无疑问，这种细小菲林格式照亮了现代摄影的发展路向，你现在怎样展望LEICA M相机系统的未来发展呢？

A LEICA M8及M8.2已经充分证明了M相机是让菲林系统成功地转换到数码年代必不可少的因素。而我们的目标仍是通过谨慎地升级整个系统的产品系列，继续维持这种发展。

微妙设计带来过人之处

Q 在LEICA M8.2上，我们仍发现很多以往LEICA M相机的过人之处。你可否告诉我们Leica如何保持这种「传统因素」？

A LEICA M系统本身就有理由需要这样做，因为它和其他市面上的系统有很大分别。我们深信必须保持这种对我们日常拍摄非常有帮助的分别。举个例子，你可以发现相机的取景器的位置是安排在机身的最左边，这是为了让摄影师使用右眼取景，而鼻子不会碰到机身引致弄污显示屏。

Q 新推出的SUMMARIT–M f/2.5镜头系列是入门用家的极好选择，你可否评价一下这些镜头用在数码M8/M8.2和其他菲林M相机时的影像质量？

A LEICA SUMMARIT–M镜头和其他任何的M镜头那样，同是以谨慎和精确的态度制作。他们之所以比其他相同焦距镜头更能保持低廉售价的秘密，是因为镜头轻微地降低了最大光圈和专注于使用经典的镜头光学技术。这样令镜头没有任何影像质量受到影响，他们无论应用在菲林还是数码的LEICA M相机上，都同样能获得卓越的影像。

Q Leica影像镜头已经标志了他们是拥有高水准的光学质量和精密镜身。请问你可否告诉我们新镜头和旧镜头在光学表现和设计上有没有什么分别？

A Leica镜头在过去80年迈向了长途的进化之路。在这个开发的过程中，镜头研发技术有了很多改变，例如电脑辅助光学方程式的设计、新镜片出现、创新镜头置中化和接环技术、非球面镜片发明、更精确的研磨技术和抛光机器，还有高阶的涂膜系统，这些让我们的设计师在制作镜头时，做到更迅速、更有效控制鬼影和耀光、更小巧的体积、更优胜并继续增加的解像度。Leica镜头经常在推出时就被认定是「永恒的艺术」，以现在的标准来看依然有着极高的水准。我们承诺即使在未来也会坚持这个哲学思想。

重温经典视觉
用徕卡的体验

在上世纪摄影由第一部Leica相机开始便进入135片幅的普及化年代，而事实上当年Leica的全机械相机，蕴含着轻便、简单、直接的优点，也是不少成名摄影师的拍摄工具，经多年的发展，这些优点仍能在Leica的连动测距相机上秉承至今，纵使有单镜反光相机出现，依然屹立不倒！

摄影始终要因时制宜，不同的拍摄题材所需要的工具也不同，进入数码年代，虽然更多人拿着DSLR拍摄，但随着数码化的需要，DSLR的操作也难免变得非常复杂，在机身上的按钮大为增加，这还不止，DSLR的先天缺点就是反光镜运作时产生的噪音，加上体积更大的机身，均极惹人注意，用于如街头抓拍这些题材便有所不足。因为抓拍是需要摄影师敏锐触觉快速地捕捉影像的题材，DSLR的操作相对地会不够直接，而庞大的机身和反光镜产生的声音亦会干扰被摄者，此举会造成尴尬或失去照片原想要的效果。难怪Leica相机那种安静快门、轻巧低调的机身、以至精准的测距连动对焦方式，都一直受不少摄影师所追捧，那种简单和直接，也正是LEICA M系相机这么多年不倒下的原因，纵使进入电子化的年代，Leica的M6、M7到现在的M8和M8.2，仍然维持了这些备受摄影师爱戴的操作方式和特点，其精雕细琢、坚固的金属机身和高品质的光学镜头都始终如一。

今次出版这书的目的，就是要利用这揉合最新数码科技的M系相机 —— M8/M8.2，透过传统的方式去拍摄，尝试重温昔日摄影大师拿着Leica菲林相机在繁忙的街道上猎摄，以直接的手法将路上的人生百态如实地记录下来。

书中除详细分析LEICA M8和M8.2相机的各性能特点及操作外，更会回顾Leica逾90年的相机发展历史。而众所周知，Leica的光学科技实在技惊四座，不用试也知晓，所以很多书介绍M系镜头都只提供MTF图表，鲜会有测试。但我们却一次过为14支M系镜头进行独立测试，并对四角失光、解像度等的表现进行了实际评测。而所有测试均在香港进行，其中的作品照片均于法国巴黎和香港实地拍摄，务求将Leica相机的实际性能与及其超高的光学品质如实地展现于大家眼前。

《摄影杂志》总编辑
伍振荣

传奇的徕卡
永远的哲学

自从徕卡面世以来，不单成为一个著名的品牌，而且不少哲学及传奇皆围绕着她。在摄影的世界里，她代表着满载着成千上万的个人独立及自由的风格。无可置疑，Leica是35mm相片的「始创者」，1913年Oskar Barnack发明首部原型Leica(Ur–Leica)，实现了小型片幅相机的可能性，奠定了35mm菲林片幅的地位，加上对影像质量从未停止的追求，Leica令这种格式的画质不断上扬，最终成为普及摄影上的一种必需品。直至今日，Leica仍然保留轻巧、简单、朴实、易用的本质。

Oskar Barnack所创制的相机曾被嘲讽为「玩具」，但最终演变成现时包含着智慧的相机，时至今日，Leica设计者亦是基于一种信念 —— 科技是为需要而来，故此，Leica是要满足世人要求有高质量影像而发展出来的相机。了解到摄影与个人艺术天赋及创造力的关系，亦了解到科技是不能取代人类的创造力，所以，Leica并不着意把相机复杂化，务求更符合专业需要，更专注于能令摄影师拍好每张照片，为他们带来更多创作的自由。

Ur–Leica

◀巴纳克曾用Ur–Leica试拍了不少照片，在当时来说，质量已十分不错，最终实现了这种能置于口袋中的小型相机的期望。

▲ Flood, Langgasse, 1920年拍摄

徕卡相机的起始
徕卡原型相机

Leica原本是一家始创于1849年、位于德国Wetzlar以生产显微镜闻名的徕兹(Leitz)光学工厂，本在光学生产上已甚有成就。但为何会有兴趣加入相机生产的行列呢？这就不可不说当中的传奇人物奥斯卡·巴纳克(Oskar Barnack)。

工程师巴纳克本身是一个热爱摄影的人，他已十分厌倦常常背着那13x18厘米片幅的巨型木制相机去拍摄，因而兴起了要制作一台小型相机的理念，他早在1905年已有这个念头，希望把负片底片的格式缩小，并在后期再放大照片，故需要找寻方法突破当年的技术，10年后他的梦想真的实现了！1913年他已由德国耶拿(Jena)来到威兹勒(Wetzlar)的徕兹(Leitz)工作，40岁的他便创造了首部Leica原型相机Ur–Leica，成为史上第一部成功的小型格式相机。在最初他尝试用电影菲林作为拍摄媒体，并由原为18x24cm的片幅改良为24x36mm片幅，而早在1914年所拍摄的照片，在当时来说已是非常高质量，可说是一项成功的创举。虽然因为第一次世界大战爆发，令第一代的Leica相机未能普及，但在1924年后，一系列的Leica相机陆续面世，使这种小型相机受到更大的关注。

有了新的小型格式相机后，新闻摄影得到极大的转变，因为这些相机让摄影师能更接近现场，拍摄到更真实更动态的现场照片，就算是摄影爱好者，他们亦因而得到更多新视觉形式的可能性，Leica变成了他们的良伴，甚至被喻为「与眼的融合」或「手的延伸」。而Leica亦继续努力不懈为这些视觉延伸和无限的创作可能性创造更完美的拍摄工具。

▲ 威兹勒的艾森马克广场（Eisenmarkt square in Wetzlar）1913年拍摄

Ur-Leica,prototype 1913

▲ 第一部Ur—Leica原型机是由巴纳克手工制造，其后亦造了另外两部原型相机，作出一定程度的改良。此Ur—Leica只有1/20和1/40秒两挡快门，为固定非自动关上式焦平快门，采用一支可摺叠的Kino Tessar 42mm f/4.5镜头，机顶设有插座安装观景器。

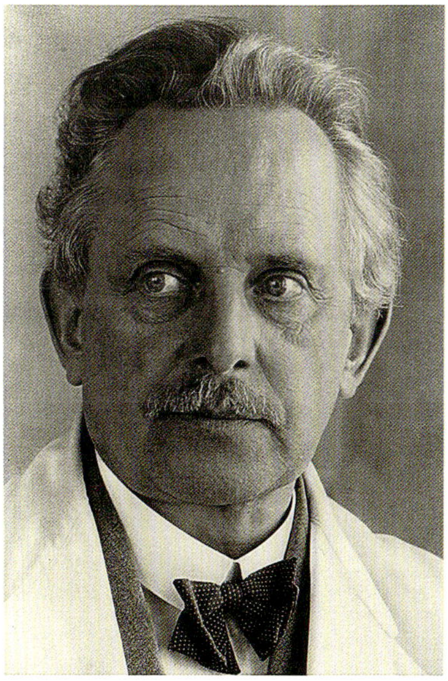

▲ 奥斯卡·巴纳克（Oskar Barnack）于1913年始创了第一部Leica原型相机Ur—Leica，他希望把相机小型化，首次改用35mm片幅，并尝试拍下了不少照片，质量很好。

Leica O (原版) 1942

▲ Leica 0标志着Leica正式进入批量生产的重要时刻，也是Leica相机发展的一个重要里程，所以Leica在2000年Photokina时宣布推出限量的复刻版，以作纪念。

Leica O (复刻版) 2000

由零说起
步入市场的徕卡

虽然Ur-Leica已获得重大的成功，甚至有指当时已考虑进入批量生产的阶段，但由于第一次世界大战，Ur-Leica相机始终未能即时推出市场。直至1924年，当时已再重新考虑推出小型相机，但当时经济状况并不乐观，所以恩特斯·徕兹二世(Ernst Leitz II)决定重新继续生产此等小型相机前，先为测试市场而推出了一个特别的预产型号，结果就在1923-1924年间设计和生产了一个名为「0系列」(Null-Serie)的型号，即「Leica 0」。

Leica 0的数目在没有可靠的文件引证下至今仍未能确定，但相信约有25部分别以101-125编号的机身出厂，它也是第一部正式批量生产系列相机LEICA I(A型)的前身，它拥有5挡的快门，分别为1/20、1/50、1/100、1/200及1/500秒，由于快门仍属不能关上(non-capping)的焦平式快门，所以仍须在卷片时关上镜头盖，但由于已采用匣式的菲林，所以可在白天装卸菲林，情况就如以后135片幅菲林般。而相比起Ur-Leica，Leica 0最大的分别就是换上了一支Leitz Anastigmat 50mm f/3.5可摺叠镜头，这镜头是由马克思·贝瑞克教授(Professor Max Berek)专门计算和设计，采用五片三组的设计，和巴纳克的相机设计混为一体，成为当时瞩目的新相机！

1925年莱比锡(Leipzig)春天交易会中，LEICA I A型终于被推广成为真正的商品。经过多年的经验，Leica生产者吸收了不少精密技术生产的方法，往后的日子继续为相机进行改良，并设计了可换式的镜头，再创制出不同的高品质光学镜头，及至后来出现了连动测距(Range Finder)的取照器设计，再把拍摄的精确度推上高峰，让Leica的光学水准得以全面发挥，在20世纪中期成功发展出不朽的M

1914—1957年的重要里程

1914

奥斯卡·巴纳克(Oskar Barnack)制作了第一部Ur—Leica

1923

生产了25部35mm小片幅相机，称为“Null—Serie”，现称作「Leica 0」

1925

内置可摺叠镜头的LEICA Ⅰ A型在莱比锡(Leipzig)春季交易会中亮相，单是首年已生产了1,000部。同年首部名为「FILAR」的小片幅放大机亦推出。

1926

第一部35mm小片幅投影机ULEJA推出

1930

第一部可换镜头螺丝接环Leica相机面世，同期并有3支镜头推出。

于威兹勒(Wetzlar)的恩斯特徕兹(Ernst Leitz)光学工厂开设「The Lehr—Atelier」，向研究员、技术员、记者、科学家介绍小型片幅摄影在理论上和应用上的好处。

1932

首次备有内置取景器及连动式测距观景器的LEICA Ⅱ推出。更多螺丝接环镜头推出市场，摄影师有多达7支镜头更换使用。而LEICA Ⅱ生产至编号100,000。

1934

推出称为「Reporter」的LEICA 250，可装上10米长的菲林，提供多达250次曝光，结合了一个弹簧马达，被德国空军选用于侦察机上。

1954

设有插刀式卡口接环和高放大率的测距观景器的LEICA M3推出，而应用新的快速过片杆亦令菲林过片变得格外轻易。

1957

Leica推出最后一部螺丝接环相机LEICA Ⅲg，随着M接环的面世，为螺丝接环相机划上完美的句号。

▲复刻版的Leica 0仿照原Leica 0制造，很多细节都保留原有的特色。

▲1913年徕兹工厂，当时还是以生产显微镜和望远镜等光学产品为主。

▲ Leica相机在1925年正式批量生产，而改良的新型号亦陆续进入市场。这是早期的海报。

系统，将传统与科技融合，直至今日仍然屹立相机界。

1930–1950年代的进步

1930年代出现的35mm标准相机，使德国摄影业踏入全盛时期，德国摄影机制造商便取得领导地位，Leica更是其中领导者，当时Leica相机经过改良后，能配合多种由28mm至600mm焦距的镜头，再加上菲林物料的改良，使35mm这种菲林拍摄格式流行起来。使用Leica拍摄后放大的照片也并不比当时的大型底片格式的相机效果差。1930年代中期，虽然Leica并不独占35mm相机的市场，因为于1932年在Jena的显微镜及望远镜制造商蔡司(Carl Zeiss)亦推出其生产的Contax相机；两年后柯达亦出产廉价的Retina，这样使Leica面对更强的竞争，可是，时至今日Leica的35mm相机系列均仍以高质量见称，在市场上占有隐固的地位。

然而，在不断竞争之下，促使了Leica从没把相机研发的步伐停顿下来，而且不断改良和创新。除了1930年生产的LEICA I(C)宣布已进入可换镜头的年代外，单是1930年代里面已分别有多项突破性的革新，如1932推出的LEICA II已加入可以相容135mm镜头的连动测距观景器(Range Finder)；1933年的LEICA III加入1/2秒慢快门；1935年的LEICA IIIa加入高达1/1000秒的顶速快门；1950年的IIIf加入闪光灯同步及1954年加入自拍时间掣等。不断的改良和变革，一方面照顾既有的Leica摄影师的需要，一方面又满足未来更多的追求，而更重要的是，由1930–1954短短25年间这些在Lecia相机上的变革和改良，为迎接Leica另一个辉煌时期作好了准备，那就是今日已叱咤摄影界逾50年的M系统的诞生！

不朽的徕卡
相机新纪元

进入1950年代，可说是世界相机工业的火红年代，而领导市场多年的Leica亦随即回应，于1954年推出首部采用插刀式接环的Range Finder相机，更取名为「M3」，「M」就是德语「Messsucher」的缩写，此字解作「Range Finder」，即这种连动测距观景式相机。显而易见，Leica亦对这种系统相机抱很大的决心，并确立了它的市场地位，当中不能忽视的要素就包括了Leica一贯的精准机械、光学和生产技术，令这种以观景器连动镜头的测距对焦方式，承传至今日，甚至经历电子化、电脑化的时代，到今日最新的M8.2，这种设计仍然能融入其中，成为众多摄影师手上的创作利器，这种对精确度的丝毫不妥协和对相机系统的承传坚持，恰如艺术家对创作的执着，只有这样，才能保持优势。事实证明，M系带动了Leica进入新的纪元，而且带来了更多相机设计的变化。

以下会为大家介绍多部Leica在过去50多年部份曾出产过的M系相机。

LEICA M3 1954-1955

▲ LEICA M3

新设计的插刀式接环，加上分别为50、90及135mm镜头而设的反射式亮框线观景及测距器，并有自动视差校正。另外，更有快速的菲林前卷杆、不转动的快门速度转盘连对数刻盘、自动回零的格数计、X及M同步、自拍时间掣和有铰机背等。M3的出现，开创了相机设计的新时代。改用了快捷的插刀式镜头接环，加上观景器及测距器，三个焦距的自动反射式亮框线及自动视差校正，毫无疑问使拍摄更方便。

变化类型：

- LEICA M3(1955—1956)，第二型的M3设有手动框线预观杆，格数计为白色。
- LEICA M3(1957—1968)，后期的类型主要是改用了以国际惯用的快门速度值。

LEICA MP 1956-1957

▲ LEICA MP

P即Professional，是为专业摄影师特别而制的，属于M3衍生出来的特别版本相机，当年主要是安排给摄影记者使用，编号由1—450，数量极少。由于当时过片仍是要拉两下过片杆，所以Leica特别就此设计了一个LEICAVIT MP，装在机底下，可以快速地以一下的动作过片。此机基本规格与M3接近，但格数计则采用外置式。由于此机表现了Leica相机的专业性，成为了一个经典，及后在2003年，Leica特别推出了复刻版的新MP相机，但则采用与较新的M6接近的性能和规格。

LEICA M2 1957-1968

▲ LEICA M2

当年M3虽好，但Leitz希望价格可以更低，结果就推出了这一部价钱便宜20%的M2。M2主要不同的地方是采用像MP的外置式格数计，早期没有自拍掣，但后来却加回。M2获得用家最大的赞赏是采用了三种反射式亮框线，分别供35、50和90mm的镜头使用，M2是以较低价格推出的型号，故当时吸引了很多摄影师使用Leica相机。而在M2流行期间，在1960年出产的Summilux 35mm f/1.4镜头也成为当时世界最大光圈的广角镜头，到1966年的Noctilux 50mm f/1.2镜头更是光学史上首支以双非球面镜片制成的大光圈镜头，而M2一直生产至1968年。

变化类型：

- LEICA MP2(1959)，加上自拍掣。
- LEICA MP2—M(1966)，加上由纽约Leitz生产的电动马达的M2。

LEICA M1 1959-1964

▲ LEICA M1

M1与M2相似，但称得上是M2的简化版，但没有测距器，却有反射式亮框线供35及50mm镜头之用，跟M2相同的是格数计是在机身外的，而且不会自动重设。这个型号当时主要是用于科学及特别拍摄用途，之后有不同的变化机种出现。而M1本身则生产至1964年。

▲ LEICA MD

LEICA MD 1964-1966

这严格来说就是M1的无取景器机身版本，因为它的任务跟M1很相似，就是用于科研及技术性拍摄用途之上，快门范围由1秒至1/1000秒，设有B门，每次过片只须拉动菲林杆一次。MD可以在菲林的边缘曝光，以把数据记录其上，设有一个特别的底盖，可插入小纸，可写上资料，然后便会曝光到菲林上。

▲ LEICA M4

LEICA M4 1967-1975

M4可说是由M2及M3进化而成，有新的机顶盖，最明显不同是那个倾斜的可摺式回卷杆手柄，这是以后M系相机的基本。而当时来说，M4比起上代M相机最大的改进就是加入可供35、50、90及135mm四种镜头使用的亮框线，以及可快速上片的菲林轴设计。骤眼看M4，的确比起以往的精致得多，往后的M机主力型号或多或少都有它的身影。于1975年，Leica也推出了极快速的Noctilux-M 50mm f/1大光圈镜头。

变化类型：

- LEICA M4-MOT(1968)，可配合另加的马达卷片器使用，称为M4 MOT或M4M。
- LEICA MDa(1966)，供科学及技术拍摄用途的机身，不设观景器。
- LEICA MDa MOT(1970)，为M4-MOT的没观景器型号，亦是为科学拍摄用途而设，只有极少量。

▲ LEICA MDa

LEICA MDa 1966-1976

M1年代曾经出过一部MD，而且需求殷切，到M4年代，Leica亦为科学拍摄用途推出了一个MDa型号。这型号的基本规格与M4相近，但就没有了测距观景器，是彻彻底底的一部记录相机，跟MD一样，可以把资料用曝光方式记录在菲林上。这部相机也生产达14,358部。

▲ LEICA M5

LEICA M5 1971-1975

进入1970年代，在单镜反光相机上的镜后式(TTL)测光系统已验证可靠，Leica此时便想到为M系相机加入TTL测光性能，于是就出现了这部M5。由于这机在快门帘前加上一个镜后Cds测光器，并设于一个独有的摇臂上，无可避免会令机身更大，所以M5的机身是M系中最大的，而观景器里设有追针，以及4个反射式亮框线供30、50、90及135mm镜头使用，另外亦有自拍时间掣和X同步热化。此机新颖的内置测光设计，很快也带来新一代的M4-2和M4P

▲ LEICA CL

LEICA CL 1973-1976

「CL」有「Compact Leica」的意思，即小型的Leica。当M5成功把TTL植入相机之内，Leica已着手把TTL测光应用到未来的相机之上，这部CL就是其中一个得意之作，成功将TTL测光的系统小型化，机身体积只有120x75x32mm。CL同样把CdS的测光体设于快门帘幕前的摇臂上，其新的测距观景器设有三个亮框线，供40、50和90mm镜头使用，而测光时，观景器上会有一个指针耦合快门的读数。此小型的CL最为人津津乐道的当然是可以使用M接环镜头，而且当时价钱亦比M4或M5便宜，后来Leitz更授权日本的Minolta生产和发售，但日本售的机身则印上LEITZ Minolta CL。

▲ LEICA M4–2

LEICA M4–2 1977-1980

M4早在1975年已停产，由于市场仍有需求，Leitz便从旧的M4作出改良，所以M4–2实与M4非常相似，但就没有了自拍掣，不过就加上了X同步闪灯热靴和可连接着马达卷片器的设计。快门速度由1到1/1000秒，设有B门，观景器的亮框线可配合35、50、90和135mm镜头使用。

变化类型：

• LEICA M4–2 Gold(1979)，纪念Oskar Barnack的一百周年寿辰的特别版金相机(1979)

▲ LEICA M4–P

LEICA M4–P 1980-1986

进入1980年代，M系相机已趋完美，把精准的机械发挥得淋漓尽致，所以就出现了这一部M4–P。它与M4–2相似，但有反射式亮框线已多达6个，分别供28、35、50、75、90及135mm镜头使用，而且相机也可连接着马达卷片器使用。从外型上看，机面也加多了一个红色圆形Logo，印上「Leitz」字样。

▲ LEICA MD–2

LEICA MD–2 1980-1986

这也是秉承MD和MDa型号的特别版本，同样是为科学及特别拍摄用途而设的，而此MD–2则是从M4–2演化出来的，也有X同步的闪灯热靴和可加装卷片马达的性能。而MD–2则只有黑色机身，总产量达1,850部。

▲ LEICA M6

LEICA M6 1984

在1980年代，Leica其实已投入了R系SLR的生产，所以测光技术甚至自动曝光技术已成熟。然而M系走的路线是与众不同的，仍然采取严谨和精准的作风，才能得到广大摄影师的青睐，这一部M6再一次吸引摄影人们的目光，为Range Finder相机创下一个新的里程。Leica首次在此机加入新的TTL测光系统，在快门帘幕上有一个圆形的白点，把光线反射至测光体进行测光，这种设计沿用到后来的M7和MP，其观景及测距器与M4-P相似，但有0.58、0.72和0.85三种放大率选择，也设有28mm、35mm、50mm、75mm、90mm和135mm的亮框线，在观景器内更设有LED光度平衡指示，都是在M系上的创新性能，而M6也可以使用M4-P或M4-2的卷片马达。它在推出的时候，是全世界惟一拥有一套13支可替换镜头的35mm连动测距观景相机，相较于SLR，快门更是宁静，机身纤巧，对焦锐利，对不少以纪实摄影为主的摄影师仍有非凡吸引力。

变化类型：

• LEICA M6限量白金纪念版本(1989)，机身特别刻上150 Jahre Photographie-75 Jahre LEICA Photographie

• LEICA M6J(1994)，为限量生产的特殊纪念相机；是特别为纪念徕卡M3 40周年和M6 10周年，它是综合了经典徕卡M3和现代的徕卡的机型，并有可选择的曝光测量。配有经典ELMAR-M 50mm f/2.8镜头，并有可折叠的镜头设计，限量1,640部。

• LEICA M6钛机身(1992)，机身特别坚固。

▲ LEICA M6 TTL

LEICA M4 TTL 1998

正如之前所说，M系相机特别之处就是可以适应每个时期和需要，这M6 TTL也是，它是为解决闪光拍摄时的自动化需要而来的，只要配合相容的闪光灯，就可作自动的闪光曝光。在相机上，与M6较大分别的是快门速度盘加大了，而且旋动的方向与观景器内的LED曝光指示方法一致，这更方便摄影师不用离开取景器也能掌握曝光控制，同样，M6 TTL也有0.58、0.72和0.85三种放大率的观景器选择。

▲ LEICA M7

LEICA M7 2002

M系的自动化在M7上实现了，此机从M6的TTL测光，改良为自动曝光，由电子控制快门帘幕。M7仍然保持宁静的快门，一切的操作还是保持M系一贯的灵活和直接，为M系用家带来新的拍摄感受。M7一样像M6般有3种放大率的观景器，而观景器内更有跳字式的快门显示，在手动模式时，也有光度平衡的指示，对于M系的用家，是相当容易习惯的。

变化类型：

• LEICA M7 TITANIUM (2004)，为LEICA M系统50周年而推出，限量生产500部。并有连SUMMICRON-M 28mm f/2 ASPH、SUMMILUX-M 50mm f/1.4 ASPH和APO-SUMMICRON-M 90mm f/2的限量套装。

▲ LEICA M7 TITANIUM (2004)限量版

▲ LEICA Mp

LEICA MP 2003

这是Leica为Leica迷呈献的完美机械之作，把当年为数极少而又令不少用家欣赏的专业级MP再度面世。当然，新的MP在技术上更完美，它基本是依据M6为蓝本改良，同样有0.58、0.72和0.85三种放大率的观景器型号供选择，但在一些细节位置，如过片杆、回卷钮、甚至快门速度盘等，都尽可能仿照旧式的M相机而设计，没有了红色的Logo，机顶却刻上旧式字体Leica，黑色的机身让摄影师能更易于隐藏自己，此等都是MP针对摄影师实际需要而改良的。新的MP把精密的机械设计结合M6的先进技术，加上电子测光，可说是一部传统与现代科技融为一体的相机。

变化类型：

• LEICA MP CLASSIC Edition(2004)，也是为LEICA M系50周年而推出的特别版，省去了电池部份，没有测光，机身更简洁，机身采用Vulkanite粗荔枝纹饰皮，限量500部。

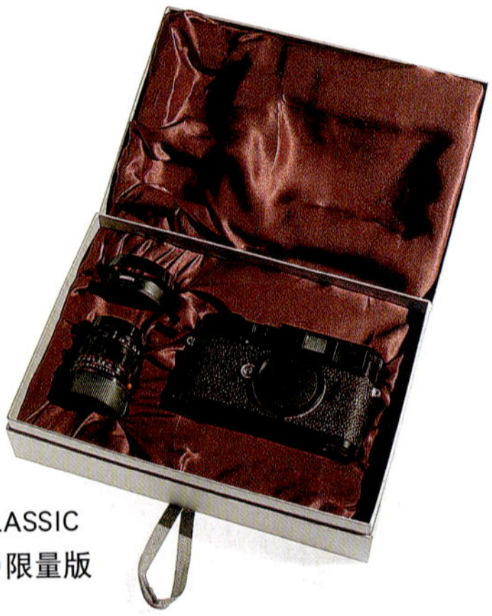

▲ LEICA MP CLASSIC EDition(2004)限量版

▲ LEICA M8

LEICA M8 2006

第一部M系数码相机诞生，标志着M系进入数码纪元，而且把M系一贯的操作方式和优点延续下来，令一众M系用家为之赞叹！M8采用了1030万像素的影像感应器，为迎合数码的需要，亦加入6位(6 bit)的编码接环，以便将镜头资料记录在影像之中。像M7一样，除仍可继续以手动曝光模式拍摄，M8也设有自动曝光模式，为光圈先决自动，相机的测光系统会连动。使用的锂离子充电池供电及SD卡作为贮存媒体。

变化类型：

• LEICA M8.2 (2008)，从M8再作改良，LCD屏表面改为蓝宝石防刮花玻璃，加入S(Snapshot mode)快拍模式，有新的自动ISO性能，以及黑色机身的红色圆形Logo也改为黑色。

▲ LEICA M8.2

一贯的徕卡
承传精湛工艺

Leica相机自1914年时面世后由第一部Oskar Barnack自创的「Ur–Leica」起，已记录了不少历久不衰的照片，纵使经过接近一个世纪，这些照片仍能说服我们：Leica的小型相机早已有超卓的拍摄表现。经过多年的经验，Leica吸收了不少精密技术生产的方法，令今日的Leica相机已成为融合高科技和精湛工艺的结晶。

1930年代Leica为世界带来35mm标准的相机，使德国摄影业踏入全盛时期，德国相机制造商便取得领导地位，Leica更是其中的领导者，Leica相机经过不断改良，能配合多种焦距的镜头，加上菲林物料的进步，使35mm这种菲林拍摄格式流行起来。30年代中，Leica虽并不独占35mm相机的市场，但其领导地位依然未受动摇，最大的原因就是锲而不舍的研发精神，以及由用家出发的理念，从望远镜到相机和镜头生产，这种品质为先的态度，造就了后来M相机系统的空前成功，以下就是Leica对品质的坚持和对制作工艺那种完美的要求。

▲Leica是选用精炼的合金及光学玻璃，并不是我们每天所见的一般金属及玻璃。

品质屹立相机界

今日的徕卡相机（Leica Camera AG）源远流长，最初成立于Solms，一个位于风景如画的Lahn山谷，亦即是Braunfels古堡和35mm相机发源地Wetzlar之间），从最初生产显微镜和望远镜等光学产品，发展到生产医疗、工业、科学、摄影，以至最近推出的LEICA PRADOVIT D–1200高端投影机等高精密仪器，这全赖一直以来Leica以其高质量、简单及独特的设计在世界各地争取到重要的地位及价值。时至今日，我们仍可以见到，Leica在设计和制造上坚持着数个信念：

- 生产最高质的光学。
- 准确的机械，增加可靠性及耐用性。
- 为需要而设计，朴实和富创造力。

精密的Leica

■最精细材料的组合

Leica过去90多年皆以精挑细选的玻璃及金属物料来制造相机，而所选用的塑胶材料亦是经过千挑百选的，务求保证Leica的耐用性和精确性。

■趋近完美的光学镜片

在镜头镜片方面，折射率、色散及传光能力是用来衡度光学玻璃质量的标准，而Leica镜头不仅包含高质光学玻璃，亦有独特的镜片处理技术。要制造完美的镜头，需要利用一条能生产高折射及低色散的方程式，高折射率可减少失真的不良效果，同时低色散可改善颜色的表现和照片清晰度。Leica在这方面可谓先机早着，由Leica相机面世后，对镜头的光学改良几乎未有停过，甚至屡有突破，如1953年首支包含高折射lanthanum镜

望远镜印证顶级光学技术

Leica的相机镜头制作出色，影像质量很高，这是很多摄影师多认同的，其实Leica的镜头技术也可以在望远镜上反映到！早在1907年，原本生产高质量显微镜的Ernst Leitz公司，于德国发表了首支6x18的Binocle望远镜。由于Leitz望远镜的表现出色，很受欢迎。

现在使用于望远镜的技术包括了拥有特殊折射率的玻璃、非球面镜片、优秀的修正色差技术、专利的多层HDC涂膜和HighLux System高透光度光学结构等。其实这些光学技术和Leica的相机镜头制作技术同一源头，大大提升镜头质量。

Leica望远镜主要科技

Leica为了减少漫射光的影响，并进一步提升影像的对比度，增加通光亮和反差，所以Leica为望远镜加入了Ultravid HD系列，此系列会在镜片上添加Leica AquaDura防水涂膜，增强防水性。

另外，Leica还在望远镜中加入氮气，添加氮气是为了让镜筒不受湿气影响，多数制作方法是真空的镜筒里加入氮气，当镜筒密封之后，湿气就不容易进入了。而氮气的优点是不容易流失，能保持长期密封在望远镜里面，而且氮气较少附于其他材料上，对望远镜的零件有出色的保护作用。

为了增加镜片的透光度，Leica为望远镜推出了HDC多层涂膜镜片。一般来说，如果没有涂膜加工的镜片，只有一些光线通过镜片，其他则被反射掉，反射率约达4%。而HDC多层涂膜镜片的反射率只有约0.3%，让望远镜的质量大幅提升。

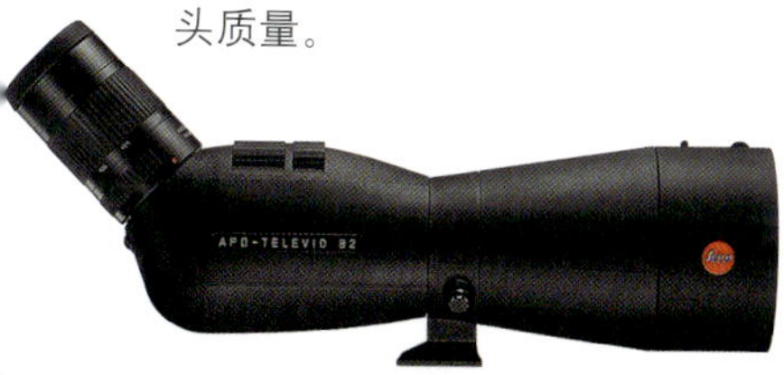

◀ 望远镜主要分为单筒和双筒两种，通常使用的双筒镜有7倍、8倍、10倍等，单筒镜则可以达到20倍、30倍、60倍等。双筒镜方便户外使用，随身携带，而单筒镜则适合观看远距离的景物，例如雀鸟等。

◀ 这支2009年刚推出的LEICA NOCTILUX-M50mm f/0.95 ASPH可谓Leica多年来的技术结晶，是世界摄影光学的代表。

▶ LEICA PRADOVIT D-1200高清投影机是Leica投影机中的精品，进入数码年代，仍然将高品质光学柔和卓越的设计。

片的Summicron 50mm f/2镜头面世、1976年推出f/1光圈的Noctilux镜头，都是镜头设计的极品，及后当然还有专为远摄焦距而设计的Apo-Telyt镜头。在精密的计算下，配合高质的玻璃，能对像场屈曲、彗差、色差、变形等问题一一解决，而且纵使在全开光圈也能有极佳的表现，在解像能力、光圈大小、体积和价钱上获得最佳的平衡。

■精确的机械

你会发觉Leica相机和镜头大部份主要是以金属组成，因到现时为止，没有一种人造物料可取代金属的稳定性及耐用性，而且有较好的耐热能力和能抵受剧烈震动。当操作相机时，定必被它顺滑的对焦环和静悄的快门声所吸引，虽然金属较重，但为免引致不良效果，故此徕卡一直坚拒采用塑料接环的潮流。

■制造及品质控制

Leica的名字本来就代表了镜头和照相机生产的独特之处：一连串熟练的组合过程，主要经由经验丰富的专业人员人手装配而成，不断的品质控制及测试是不可或缺的生产过程。在严格的品质控制工序下，从打磨镜片、镜片镀膜、装嵌、检查品质，甚至能检查出少于万分之一毫米（约相等于人类头发直径的百分之一）的误差！而镜头的设计也必须能抵受高达100倍的重力撞击，以及在温差低至-20℃至高达+60℃（-4℉+140℉）间正常使用。在装嵌过程中，仍须不断改进和检测。

匠心独运的徕卡品味

「À la carte」这法文是「点菜」的意思，一般来讲，买相机时眼见怎样就是买怎样的相机，但Leica的「à la carte」可让用家自己任意挑选相机颜色、用料和刻名等，犹如在法国餐厅用餐不选套餐，而是自己点菜一样，任君选择，保证相机独一无二。

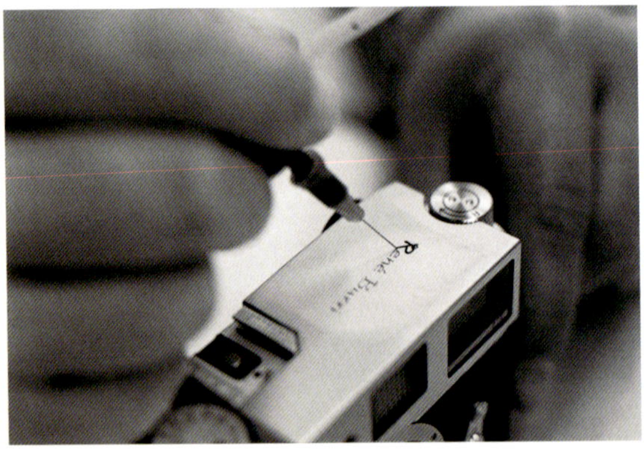

▲甚至可要求刻上签名，而且可选择填墨的颜色，令相机独一无二。

▲发展多年的M系相机，每个零件都是精工装嵌，à la carte更可自选搭配。

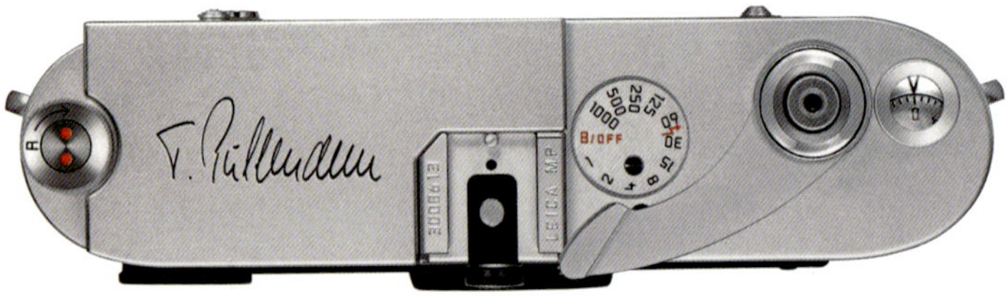

▲欲订制属于自己的M相机者，可在Leica网站逐一拣选想要的部分，包括可不要型号刻字和加上自己想要的刻字或签名等等。

独一无二的Leica

LEICA M系相机每部都几乎是精品，或是匠心独运的摄影工具，Leica就是从不妥协，让每个摄影师都能真正体验到这种坚持背后带来的优点。而Leica考虑到摄影师对每个细节的严格要求和需要，好像其à la carte的概念，就是要为用家度身订制属于自己的独有Leica相机，这同样反映出Leica相机那种精湛的制作工艺。

用家可以为M7或MP作出个人化的改变，订制独一无二的Leica相机，按个人喜好和需要，配搭不同风格与产品规格。而可变化的相机部份包括机顶颜色、机身皮革类型、观景窗框线、操控开关、甚至个人刻字等等，组合的方式可超过4000种，而订制的机身也是由德国Solms原厂以人手工艺装嵌。

巴黎人
徕卡相机的人间定格

对我来说，巴黎绝不是一个「度假」的好地方，因为巴黎总是给我相当劳累的感觉，原因是巴黎的视觉元素太丰富，每次去巴黎，我总会背着沉重的单反摄影器材，一机几镜走遍巴黎的大街小巷取景，不用说，第一天就会感到筋疲力竭，使我对「巴黎假期」又爱又恨。

去年底大约在圣诞节前后，我本想去巴黎进行拍摄工作兼旅游，结果最后因有感器材太沉重而打消了念头，改去了那些不用多走路，整天坐着旅游车一站去一站的地方，但对「巴黎假期」却念念不忘。早前接到本书执行编辑要我为这书在香港拍摄一辑「有欧洲感觉」的照片任务时，我看到了那一套轻盈的LEICA M8.2和几支小巧的LEICA M系镜头，想也没有多想，就拨电话订了直飞巴黎的机票！

摄影／撰文　伍振荣

ECOLE DE CONDUITE

◀ LEICA SUMMARIT-M 35mm f/2.5, ISO 160, f/8, 1/750s ▲ LEICA TRI-ELMAR-M 16-18-21mm f/4 ASPH, ISO 160, f/4, 1/125s

Lecia M与决定性瞬间

看到Leica M，为何立刻想到巴黎？认识我的朋友都知道我喜欢街头Snapshot，而拍摄街头Snapshot最有名气的，就是法国的亨利·卡地亚·布列松(Henri-Cartier Bresson)，当然，我这样说绝无和布列松「拉关系」的意思，只是作为一个Snapshot的爱好者，这一次有机会带着布列松最爱的Leica M系相机到法国拍摄，在巴黎的街头感受布列松Snapshot的手法，是多么惬意的事！

布列松在纪实摄影的领域中几乎无人不识，不少成名摄影家也把布列松提出的「决定性瞬间」挂在口中，就知道布列松的影响力有多大。布列松成名于上世纪Leica M系相机极流行的年代，他把这一种集轻巧、简单、精密和直接于一身的相机用得出神入化，小小的Leica连动测距相机在他手中，已经变成捕摄人世间真实的神器，不少人对他可以近距地捕捉到路人真情流露的一刻啧啧称奇，对他使用全手动对焦的相机也能快而准地把「决定性瞬间」纪录下来感到不可思议，对布列松那一种完全融入画面的直觉式快拍风格简直五体投地。

其实，这些都是没有用过Leica M系相机的人惯常反应，不少布列松同期和后来的摄影大师，例如他在Magnum的同事Elliott Erwitt、拍《Americans》的Robert Frank、拍艺术作品的Ralph Gibson等，都活用了Leica M系相机的特点而拍摄出不少精彩的经典作品。

宁静·直觉·融入

为何经典摄影大师大多数都用Leica M？就是因为是Leica M不是一般相机。Leica M系相机与单镜反光相机是两种截然不同的工具，使用它拍摄的摄影师和使用单反的摄影师有截然不同的摄影哲学，例如用单反相机时，摄影师习惯把眼睛紧紧盯着取景器内的影像作长时间的观看，因此，是以对焦屏上的影像进行拍摄的决定，对取景器以外的变化不甚了解，而且单反相机庞大的机身及曝光时明显的声音也易引起别人的注意，但用Leica M则不同，由于连动测距相机采用独立的取景框对准较广阔的

▲ LEICA TRI-ELMAR-M 16-18-21mm f/4 ASPH, ISO 160, f/4, 1/90s

▲ LEICA SUMMARIT-M 50mm f/2.5, ISO 320, f/3.5, 1/125s ▶ LEICA TRI-ELMAR-M 16-18-21mm f/4 ASPH, ISO 160, f/3.8, 1/100

画面，摄影师大可把Leica M一直挂在胸前，内敛而简单的相机不易引起旁人注意，摄影师就凭双眼观看眼前的人与事，无需把相机一直拿着放在眼前把街上的人们都一一吓怕，一旦看准景物，才把轻巧的Leica M机举起，一边快速地推动镜头上的对焦杆，一边透过明亮的对焦器以叠影作精确对焦，就算在近距对着陌生人拍摄，也不易被人察觉，原因是Leica M系相机没有反光镜动作的声响，快门声沉实而不易被察觉，因此不会惊动镜头已对准的人们，这就是使用Leica M系相机的摄影师往往能轻易融入场景之中，以直觉式的手法快拍到真情流露的影像的原因。

和布列松时代所使用的手动式菲林Leica M系相机不同，我这一次到巴黎所使用的Leica M8.2是一部自动曝光的连动测距式数码相机，操作上及品质上和传统的M系相机一致，但比过往M系相机有更大的优点是M8.2拥有自动曝光功能，对Snapshot快拍而言真的方便了不少，加上机背有大型的LCD屏可以即拍即场看影像，无疑让摄影师拍摄时变得更有信心。

当然，器材是高级了，但巴黎的街头拍摄条件却比布列松时代困难了不少，例如法国早已通过私隐法例，现在的巴黎人大都有极强的私隐意识，若陌生人对他们举机拍摄，往往会被拒绝。因此，如使用易引人注意的单镜反光相机要想在巴黎的香榭丽舍大道拍摄那里的人生百态，除非你使用远摄镜在老远偷拍，如用广角镜作近距离拍摄，不被人发现才怪！

所以，这一次我有Leica M8.2在手，就索性飞到巴黎，用它在巴黎的大街大巷穿插于人群当中作「进入式」的拍摄方式，挑战Leica M8.2的Snapshot极限。

无论在熙来攘往的香榭丽舍大道或身处寻常的巴黎住宅区内的市集，或乘坐巴士或地铁，无论日间与晚上，我都把配上Summarit-M 35mm f/2.5的Leica M8.2挂在胸前随时拍摄，极有需要时才转换其他镜头。

布列松只用50mm标准镜就能拍出精彩的决定性瞬间，原因是他在大街小巷都以眼睛观

Australia.com

▲ LEICA TRI-ELMAR-M 16-18-21mm f/4 ASPH, ISO 160, f/4, 1/750s

MECALAC
AUBER
RESEAU EXPRESS REGI
Prochainement
ouverture
d'un espace
mercerie créative
& loisirs textiles
au 2ème étage du
magasin de
la maison
LOC

▲ LEICA SUMMARIT-M 50mm f/2.5, ISO 1250, f/4, 1/250s ▼ LEICA TRI-ELMAR-M 16-18-21mm f/4 ASPH, ISO 160, f/4, 1/180s

▲LEICA TRI-ELMAR-M 16-18-21mm f/4 ASPH, ISO 160, f/5.6, 1/500s, +1/3EV

看，看准了才以跟人类视觉相近的50mm快速拍摄，绝不用记挂相机的一切控制，眼到就手到！所以布列松曾说，照片在他的眼中就已完成，余下来的只是按快门吧！如今由于Leica M8.2的影像感应器比135系统的画幅略小，镜头的拍摄角度要乘以1.3，所以我就索性使用最新的Summarit-M 35mm f/2.5替代50mm，但偶尔也会采用Summarit-M 50mm f/2.5当作中距镜头，如在风景区或室内要纪录较宽阔的场景，我则会改用TRI-ELMAR-M 16/18/21mm f/4 ASPH，至于需要拍摄较远的景物时，会改用APO-SUMMICRON-M 90mm f/2，反正Leica M系十分轻巧，换镜头也快速方便，因此，在几天的拍摄工作中，也间中会交换使用不同焦距的镜头。

快速·精确·美感

巴黎相当讲究旧建筑的保护，古旧的建筑物随处可见，相信布烈松几十年前在巴黎拍摄时，和我今日所见到的巴黎建筑物没有多大的变化，但是巴黎人对镜头的态度却跟以往不再一样了，要克服这一种挑战，我一直尝试用布列松惯用的拍摄方式，就是没有需要时绝不会把相机拿起作眼平取景，只用自己的双眼观看周遭的景物，取景就用自己的双眼；在日间拍摄，把广角镜头的光圈收小到f/5.6到f/8，焦距则对在若干尺外，例如我习惯把焦点设定在6尺左右，对近距离的主体，看准就举机拍摄，若情况许可也会注意叠影情况确定精确焦点，若距离在6尺以外的，就利用取景器快速叠影对焦，并几乎同步于对准时立即按下快门。

Leica M系相机和其他相机不同，它的快门不仅安静，而且反应快。多快？由按快门到正式曝光只有0.08秒，远比一般单镜反光相机的反应快，这正是用Leica M系相机拍摄的照片都显得那么直接和得心应手的原因。

以拍摄街上行人快步过路为例，在布列松的照片中经常可以看到典型的「A字脚」，是步行的最有代表性的姿态，也是最有美感的步姿；如用单反拍摄，就算以高速连环快拍也未必可以准确拍到「A字脚」的瞬间，但用Leica M系相机，只需要有一点经验，辅以合理的节奏感，看着行人一步、两步……心中就可以

▲LEICA SUMMARIT-M 50mm f/2.5, ISO 320, f/2.5, 1/180s

ORLANE

▲ LEICA SUMMARIT-M 50mm f/2.5, ISO 1250, f/2.5, 1/8s ▶ LEICA TRI-ELMAR-M 16-18-21mm f/4 ASPH, ISO 1250, f/8, 1/90s

算准下一次开步的瞬间，并按下Leica M8的快门，在0.08秒间立即曝光，准确把「决定性瞬间」捕捉下来！不用羡慕，这是用Leica M系相机的优势。

至于要在人群中以超近距Snapshot又是另一种手法，瑞典摄影大师Robert Frank用Leica M拍摄著名摄影集《The Americans》所用的那一种进入式的拍摄风格正是Snapshot的经典手法。不少摄影师想用单镜反光相机作这一种进入式的拍摄，定会感到困难重重！前年我在平遥国际摄影大展中目睹虽然年迈但仍抓着相机Snapshot的Robert Frank的拍摄方式，以至注意到Robert Frank忘年好友、著名摄影师Edward Keating在人群中使用Leica M系相机的手法，才明白到要完全融入场景中作直觉式拍摄，Leica M系相机有相当大的优势，这就解释了为何DSLR早已流行多时的今天，为何不少国际级的摄影记者，例如Contact Press Image的Edward Keating和David Burnett均仍以连动测距相机拍摄，因为这种相机在他们手中早已用到出神入化，明亮的取景框配合镜头上特有的指握式对焦杆，令对焦快速而精确，就算在极暗的环境下，明亮的取景器仍然让摄影师清楚及准确地判断焦点，在巴黎期间，我多次晚上外出拍摄，由于Leica M8.2没有反光镜震动的缺点，使M8.2可以用慢至1/15秒的快门拍摄也相当稳定，相机丝毫不会震动，动的只是场景中移动的人，例如我晚上在凯旋门对面以M8.2快拍边行边吻的一对情侣就充份发挥了这一种特点，还有，我以M8.2手持拍摄夜景，也是轻而易举的事。

这一辑近期拍摄于巴黎的作品，大部份是街上的人们，我尝试在近距离Snapshot巴黎人的生活瞬间，捕捉人们的生活，揭示巴黎人脸上的自若神态，他们的一举手一投足，都成为我镜头下的「猎物」。除了Snapshot外，当一些友善的巴黎人注意到我在拍摄时偶尔会露出友善的笑容，我见机不可失，立即以身体语言示意也想拍摄他们，他们通常会报以更灿烂的笑容让我拍摄，这些机会又怎能错过？连忙以M8.2把温馨的笑脸记录下来。这一辑「巴黎·人」，就是我在「巴黎假期」中轻松快拍的成果。

▲ LEICA SUMMARIT-M 35mm f/2.5, ISO 160, f/2.8, 1/350s

▼ LEICA SUMMARIT-M 50mm f/2.5, ISO 320, f/2.8, 1/350s

传统的延续
数码时代的经典

从M系相机内敛含蓄的外表，往往会发现它们可为摄影带来一次又一次的突破，而在数码化的M8/M8.2机身里一样不乏这种「内涵」，在传统的外貌，处处可发现结合先进科技的惊喜。Leica强调M系机身可以给予摄影师独一无二的快速直接的操作感觉，究竟M8和M8.2这种以数码作心脏的相机，又如何秉承这种传统，同时又可以结合数码科技，继续缔造一个个拍摄高品质影像的条件，让摄影师能利用与单反相机截然不同的连动测距观景方式，拍摄精彩的照片。这部份我们为大家讲解M8和M8.2的各种性能特点，并逐一介绍它们如何帮助摄影师发挥得更淋漓尽致。

坚固耐用的机身

Leica M系相机操作上的灵巧，毫无疑问是与其精细的制作工艺有关，Leica凭多年的相机生产经验，把精确的机械融合在坚固的机身之内，给予摄影师一个历久不衰的拍摄利器。到了M8，Leica的工程师面对的挑战就是要将既往的精湛工艺，再度与高端的数码科技结为一体，而且大前提还是要保持一贯的小型相机的小巧，又要给予摄影师最大的可信性和稳定性，结果便打造了M8、以至M8.2这具同样无与伦比的坚固相机机身，助摄影师应付不同的恶劣摄影环境。

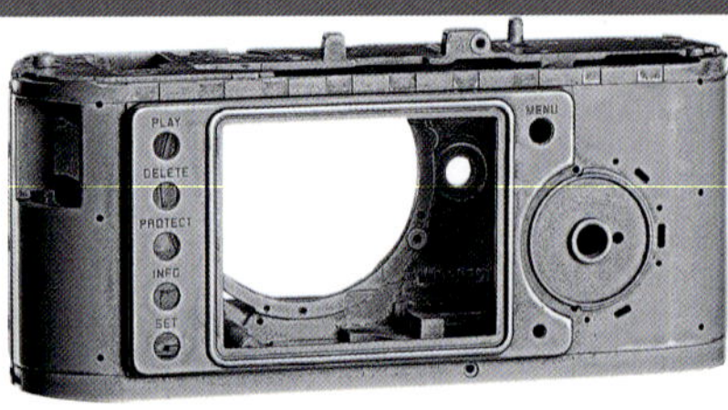

▲ 机身主要内部就由这个坚固的镁合金框架包裹着。

精选物料提升耐用度

仔细量度，M8/M8.2或比传统M系菲林相机大了少许，尺寸为138.6mmx80.2mmx36.9mm，但手持时实质不会有太大分别，肯定的是，都会感受到它那全金属外壳那种沉稳的坚固感觉。在用料上是一点也不马虎的，首先是机身的框架，要同时有好的坚固度，又不令重量大增，所以用上了镁合金的机身框架，以保护机身内的重要机械和电子部分。而机顶和机底的部分则以整块黄铜压铸而成，这已是历年Leica的重头戏，其坚固度是大受赞赏的。尤其底盖的设计，为了保护电池和记忆卡等的电子化重要部分，其设计是利用极稳固的锁钮扣上，而且可以隔绝水气和沙尘。

▶ 机顶盖和机底盖均采用原块黄铜金属压制而成，坚固度十足！而机底盖有优化的设计，锁紧后可防水气及沙尘，保护相机的电子内部免受损坏。

非一般的LCD显示屏

有使用数码相机习惯的摄影师可能都知道，最易刮花受损的地方就是LCD屏表面，有见及此，Leica在推出M8.2时，已把LCD屏改为强力抗刮效果蓝宝石玻璃(Sapphire Glass)，亦是首部专业级相机用上这种近乎钻石级的物料，不单坚硬而且抗刮，加上里外都有涂层，大大减少反光，使观看相片时同样清晰。至于M8的用家，亦可联络客户服务中心进行付费的升级，也可换上这种高级的LCD显示保护屏。

恒久的品质有赖持续的保修支援

一直以来， Leica相机的机械与电子组件都是经过详细检查后由经验丰富的专业技师以手工方式组装。就算现在，Leica的客户服务部仍可为1954年以来所生产的M型相机提供维修服务，这或许也是Leica令用家长期信赖的原因之一。

度身订制的影像感应器

M8和M8.2采用了一个为M系镜头度身订制的高感光度CCD影像感应器，具有1030万像素。这CCD有别于一般相机的，因为Leica希望不减M镜头原有的解像威力，所以不但没有使用除Moir é 的滤镜，更为了避免镜头与CCD面之间的不良光线反射，CCD面的保护玻璃造到仅只有0.5mm，务求有更高的解像、更佳的层次度，画质甚至相比菲林有过之而无不及。正因为如此薄，所以红外线阻隔上会较弱，故建议在镜头前加上UV/IR滤镜，M8和M8.2用家新购相机时可获得两片滤镜，以装在手上的镜头前使用。

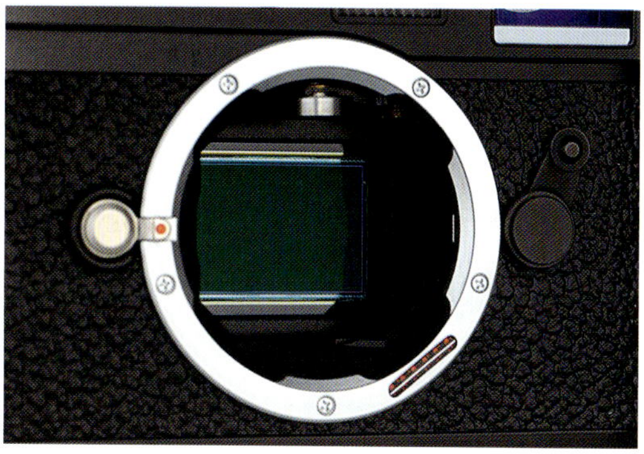

▲ 这个为M8/M8.2度身订制的CCD，令相机有ISO 160 — ISO 2500宽阔的感光度范围。

▲ Leica已为M8和M8.2提供不同口径的UV/IR滤镜，这便可与其CCD配合使用。

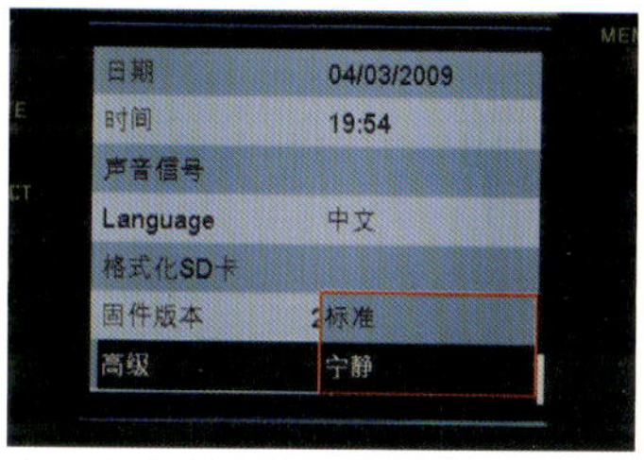

▲ 而相机的韧体已有相关的配套，设有「镜头检测」的功能选项，若使用了UV/IR滤镜时可选择合适的项目，这可进一步确保有最佳的影像处理及画质。

▲ 因为M8/M8.2的CCD设计上务求将M镜头的能力发挥至尽，所以没有过厚的表面，惟要减少红外线对影像的颜色影响，须加上UV/IR镜镜。

什么是Moir é

是一种因为拍摄纹路与CCD像素排列相近的表面时产生的波纹或颜色偏差效果，有些相机会用滤镜朦化，但会降低影像清晰度，但也可拍摄后用软件来作清除。

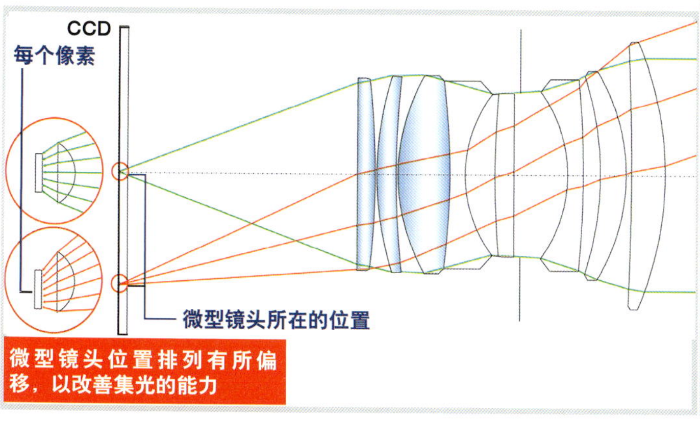

· 追求极致的微型镜头

事实上这个CCD还有一个非常重要的设计，为了增加感光能力，在每个感应像素前都加上微型镜头，但因为从旁侧进入的光线会倾斜地进入微型镜头，这会导致集光不佳，但M8/8.2的则经过重新的排列，针对M系镜头的光学特性，把微型镜头的位置编排改善，以令每个纵使在边缘的像素都有相当的集光能力，从而改善照片的质量，令影像全幅都有较一致的亮度，亦避免了因为光线从镜头投射到CCD角度过于倾斜时所产生的问题。

高度光亮的取景器

Range Finder连动测距相机与普及的单反相机是截然不同的，优点在于不同的拍摄环境下，摄影师仍然可以进行取景构图和对焦，相对于单镜反光相机受制于镜头的光圈，在弱光环境下拍摄会更有把握，是故这么多从事新闻及纪实摄影的摄影师仍然钟爱使用。尤其是Leica M系相机在连动测距观景器上以光亮驰名，M8和M8.2当然也秉承了这项重要的性能，而且更提供了3组共6种焦距的亮线框，以及测光和曝光数据的LED灯显示。

三组焦距的亮线框

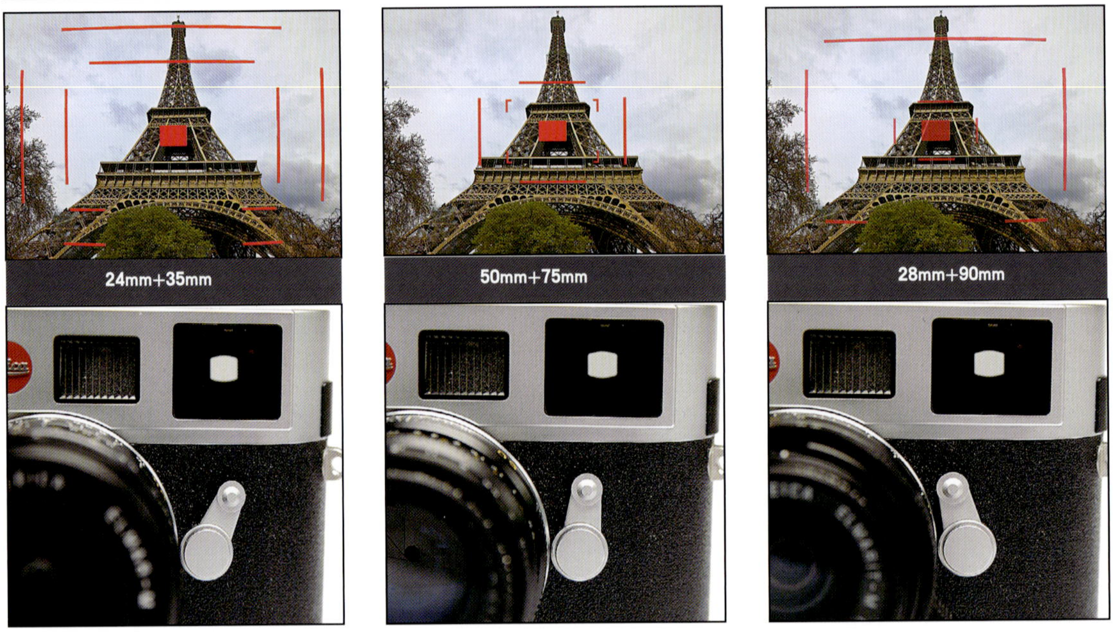

▲ 不同亮线框亦可调拨亮线框选择器来改变，然而装上相应焦距的Leica M镜头后，相应的亮线框亦会在取景器里显示。

M8/M8.2的对焦技巧

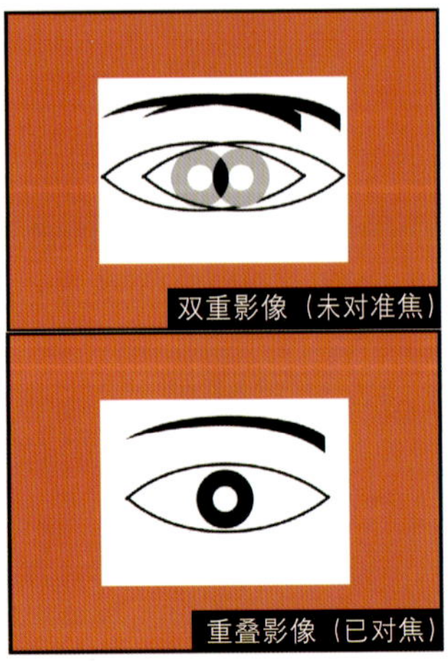

一如大部分M相机一样，Leica独有设计的连动测距器可以帮助摄影师进行精确的对焦，方法是利用测距器和取景器两个影像作叠影测距，在取景器的中央有一个长方形，若焦点未对准，便会有两个影像，只要慢慢调校镜头的对焦环，影像便会重叠，便能调至焦点的位置。建议用家基于两种技巧，当清晰见到影像叠影时，可以把两个影重叠作调焦，若不，应找一些垂直线条，当线条没断开时亦能对焦准确。

握持相机的方式

Range Finder连动测距式的相机因为是利用取景器直接进行观景对焦和构图，所以在握持上是和单反不同的，尤其不可以遮挡前方的取景窗，所以无论垂直或水平握持相机时，用于调节镜头的左手都应保持在机底的位置。

水平握持

▼ 错误的握持M系相机姿势，如此图把手放在镜头上方，那便会遮挡了取景器的前方，影响拍摄构图和对焦。

错误握持

垂直握持

M8与M8.2的取景器分别

基本上两机的取景器十分相似，但M8.2也稍作了改良，其设计可更便于远距离进行精确的对焦，处理更大的取景范围时更佳。而M8本身在距离主体0.7米时，取景器的影像会100%涵盖影像应感应器的范围，而M8.2则在2米时达到。

◀ 连动测距观景器的构造相当精密，是由光学和机械组成，沿用至今，依然不失准确和可靠，摄影师只要透过极简单的叠影方式，便可快速对准焦点。

重叠影像连动测距方式

连动测距相机的对焦方式是透过转动对焦环，使取景器和测距器窗两个影像重叠来获得焦点，这种方式沿用多年，而且同样精确可靠，而且摄影师可一直在取景器中保持对环境及主体的观察，是故成为不少大师捕捉瞬间的利器。

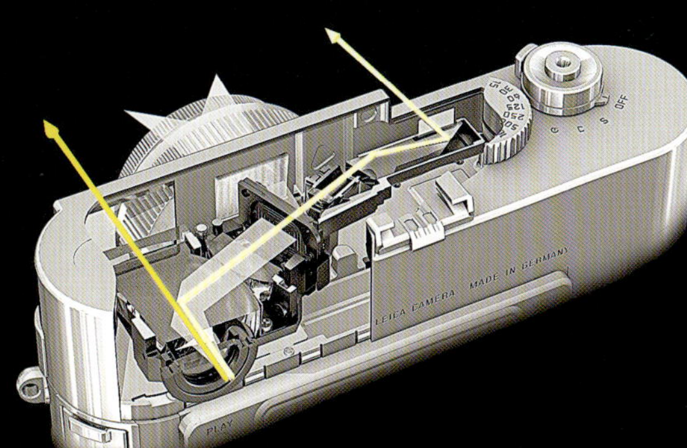

独特的测光系统

刚谈过了有关M8和M8.2的取景器会提供测光曝光资料，那么它们的测光系统又如何呢？M系相机很早已用上TTL镜后测光技术，而且相当成熟，早在M7推出时已率先使用光圈先决的自动曝光设计。M8/M8.2更采用新的设计，在快门前帘的中间一片快门叶片涂上浅色物料，用以把镜头的光线反射到下方的感应器，从而测量光度。感光体则同时亦兼顾闪光曝光的测量，换言之，也是支援TTL闪光系统，此等自动化曝光系统已在M系相机应用得相当纯熟。

至于测光性能上，M8/8.2并不像M7那样在快门帘前使用圆点，而是一片横向的快门帘，这亦令测光的范围有所不同，其敏感度可看附图。由于以中央作为最偏重的位置，配合M8/M8.2的曝光锁定功能，在使用中央的方格向主体对好焦的一刻，便把快门钮按到第二个压力点，就可以把偏重主体的测光值锁定下来，取景器下方红色LED灯会有一个小点指示，然后便可进行构图拍摄，这种操控的方式可以完全迁就到摄影师的拍摄过程的实际需要，亦确保影像更容易有满意的曝光，这正反映了Leica M相机那种简约而实用的精髓。

▲ M8/M8.2的TTL测光系统亦支持M-TTL闪光灯，使用闪灯也能获得满意的自动曝光效果。

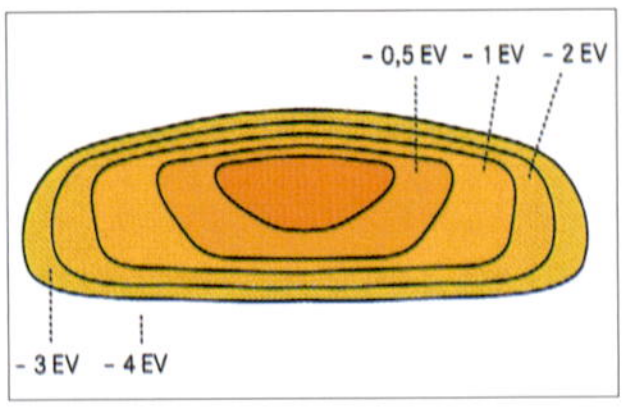

▲ 相机的测光分布图，偏重于画面中央部分。

▲ M8和M8.2的前快门帘中间一片叶片涂上了浅色的物料，可把光线反射到底部中央的矽光敏二极管，用以测光。

▲ 在机底藏有感光体。

手动测光显示

▶ 表示曝光不足至少一级；应向右调

▶● 表示曝光不足约半级；应向右调

● 表示正确的曝光值

●◀ 表示曝光过度约半级；应向左调

◀ 表示曝光过度至少一级；应向左调

所谓向左或向右调，其实是指把光圈环或快门速度转盘左右调，向右总是增加曝光，向左则总是减少曝光，这是承传M系相机的传统智慧。

▲ 除了亮线框外，在取景器里下方设有一个红色LED灯显示，它除了有左右三角形的传统手动测光指示之外，也提供A光圈先决自动曝光模式的快门值提示。

M8.2快速调校曝光补偿

M8.2新增了一个快速的曝光补偿功能，在A光圈先决自动模式时，只要轻按着快门按钮至第一个压力点，然后同时转动机背的快速转盘，便可即时作出曝光补偿，而且可每1/3级作+3EV到−3EV调校。

▲ 取景器的LED灯亦会即时显示曝光补偿值，使摄影师毋须顾虑地眼睛保持取景构图拍摄。

▲ 按着快门释放按钮至第一个压力点位置，然后转动机背的快速转盘，可以即时作曝光补偿。

▲ 按方向左调或右调快门或光圈，可迅速获得正确曝光。

宁静的快门设计

钟情使用M系相机的用家，除了因为独特的Range finder连动测距的拍摄方式够直接快速外，也因为这种相机没有单镜反光相机那个反光镜箱。单镜反光相机令每次拍摄都会因为反光镜的回弹引致明显的声响，以及取景器变黑的情况，前者易令被摄者察觉，后者则影响对拍摄现场的观察和产生拍摄上的延误。所以Leica为M8设计快门时也花了不少心思，尤其为了配合电子化的操作，采用了一个较宁静和震荡较少的纵走式快门，其优点是突破传统M相机的顶速快门限制，达到1/8000秒，后来推出M8.2时，Leica再为此快门组件作出改良，使快门的声音再降低，而顶速快门仍能维持在1/4,000秒，而且都有相当高速的闪光同步快门。

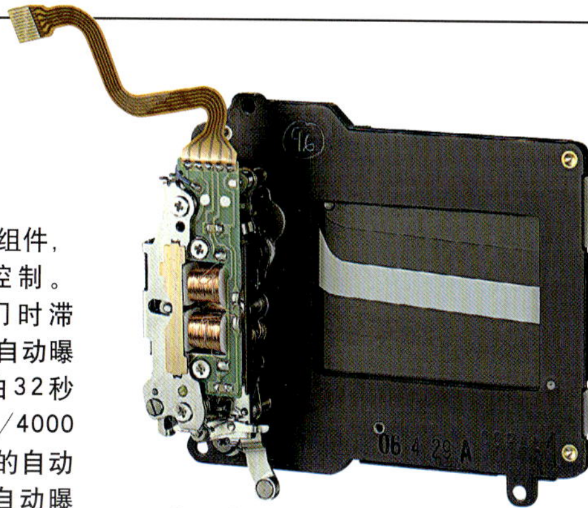

▶ M8采用的快门组件，由微处理器控制。而相机的快门时滞仅为0.08秒。自动曝光时的快门由32秒到1/8000或1/4000秒，配合相机的自动ISO功能，令自动曝光的弹性前所未有的大。而M8.2有更宁静的设计，M8用家亦可升级。

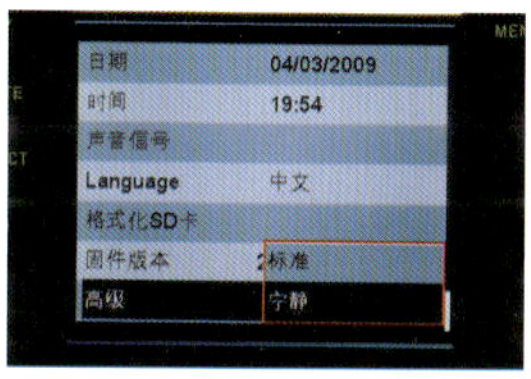

宁静模式

由于快门释放后会即时上弦，那便会产生了声响，纵使已造到较静，Leica仍然为用家在主选单上提供了一个「高级」的选择，用家可以在里面调选「宁静」，当拍摄时全控快门钮释放快门后，保持按着便可暂缓不上弦，直至松开手指为止，那便将快门释放和上弦两个声响分开，不连贯地发出便可减少对主体的干扰。这模式在M8.2和经更新固件的M8上皆可用到。

承传高品质光学

虽然M8/8.2进入了数码的领域，但这不会令既有的M系用家感到烦恼，而新用家更毋须顾虑太多，因为M8/M8.2都可以用回大部分M系的镜头，因为它沿用了M插刀式接环。然而，为了迎合数位资料对影像品质上的提升，Leica已为M8/M8.2加进了一个巧夺心思的镜头数码系统，在镜头接环加上6位元的数码编码，利用六个长方格的不同黑、白色组合排列，借以把镜头的焦距数据告诉相机系统，而相机的接环上亦有一个感应器，去读取这些编码。而旧有的镜头亦可送回Leica付费改装为有编码镜头。因为这种简单的方法，令M8和M8.2可用到新、旧的M镜头，这对M相机摄影师来讲是非常重要的，因为他们可以继续体验M的恒久光学品质。

▲ 配合M8/M8.2的数码数据需要，新的M镜头均有6位元的数码编码，以把镜头焦距和型号告知相机，相机获得这些资料后除会记录在影像的EXIF之内，更可相应地对四角失光等的像差作出修正，以提升影像质量。此外，亦提供了焦距数据予所使用的TTL闪光灯，以自动调节相应的灯头反射角度。

▲ 在相机接环上设有感应窗，以读取所用镜头上的6位元数码编码。

▲ M8和M8.2可用到大部分Leica曾推出的M系镜头，这是最新的Noctilux-M 50mm f/0.95，是Leica无与伦比的光学结晶之一！

注意：
由于M8/8.2的影像感应器尺寸为18x27mm，比传统135片幅会较小，M镜头的焦距用在M8/8.2时便会有大约相当于135片幅的1.33x倍的增延。

快拍模式

M8.2与M8在拍摄模式上最的不同就是加入了一个S快拍模式(Snapshot/Simple Mode)，也有叫作速写模式，这模式下同样提供了自动曝光，但就比A模式更简单，而相机亦会进入自动ISO状态，即感光度亦会自动因应光线而调节，而其最高的自动ISO设定则在主选单中可设定。

这个模式主要是方便摄影师毋须顾及太多而又能拍到好的作品而设，其需要摄影师介入的设定几乎没有，只要选择好需要的光圈，相机的测光便会运作，并按可曝光范围自动选择快门和ISO感光度。若现场的光线过光或过暗，超过相机可以正确曝光的范围时，取景器里的红色LED灯会亮起一边的三角形以作提示，若光度是相机能如常应付的，则只亮着中间的图形，操作极为简单。

此外，若使用此模式则最好使用有6位元数码编码的镜头，因为快门速度可因应焦距而自动调节，并同时调节一个感光度以达到正确曝光，从而减少手抖的机会，当使用35mm或以下焦距的时候，相机更可在S模式下提供三种景深的范围建议，分别可适合拍摄近景、中距离和至无限远的景物范围，只要连续按「INFO」按钮便可。

▲ S模式可以让摄影师简单而可靠地拍到照片，亦有景深的建议。

S模式下相机提供的景深建议（例子：28mm焦距镜头）

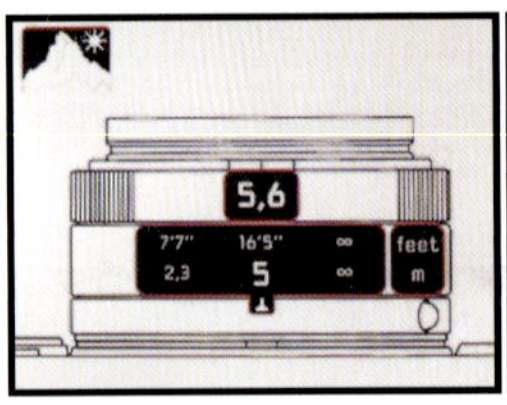

▲ 远距离
建议光圈：f/5.6
建议焦点：5米
景深范围：2.3米—无限远

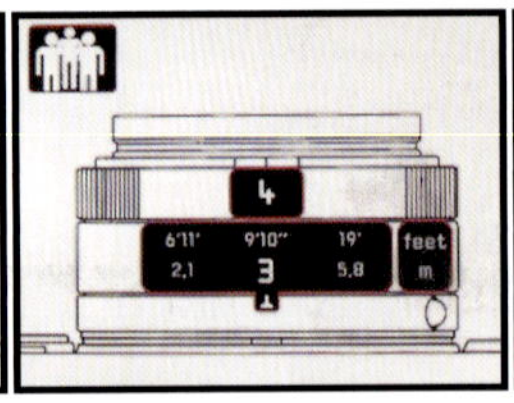

▲ 中距离
建议光圈：f/4
建议焦点：3米
景深范围：2.1—5.8米

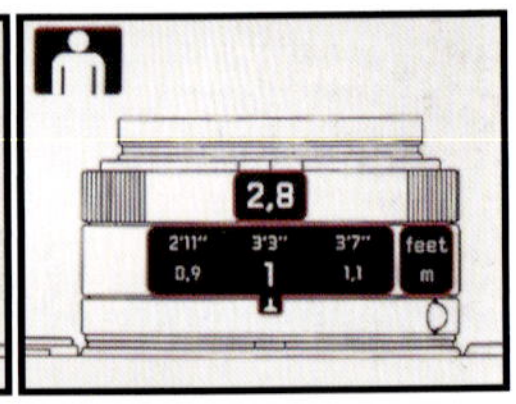

▲ 近距离
建议光圈：f/2.8
建议焦点：1米
景深范围：0.9—1.1米

▼ LEICA TRI-ELMAR 16-18-21mm f/4 ASPH，ISO 320(自动)，f/4，1/125s

▼ 采用S模式，摄影师只须专心于捕捉瞬间和构图，相机会自动处理好曝光，甚至减少手抖造成的模糊，不失每个精彩的瞬间。

M8与M8.2主要分别

机身Logo

M8和M8.2都有黑色的机身，但M8.2的黑色机身的圆点商标则由红色改为黑色，令相机更显低调，更适合需要较隐藏自己的场合拍摄。

快门转盘

快拍模式，M8.2顶速快门降至1/4000秒，另外，M8.2的最高闪光同步快门则由M8的1/250秒降至1/180秒。

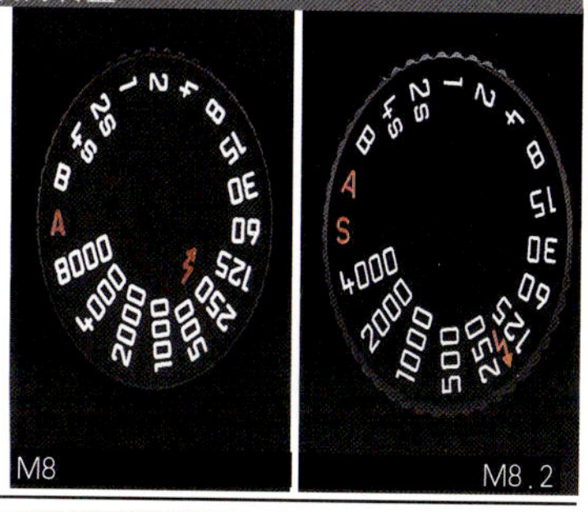

机顶热靴

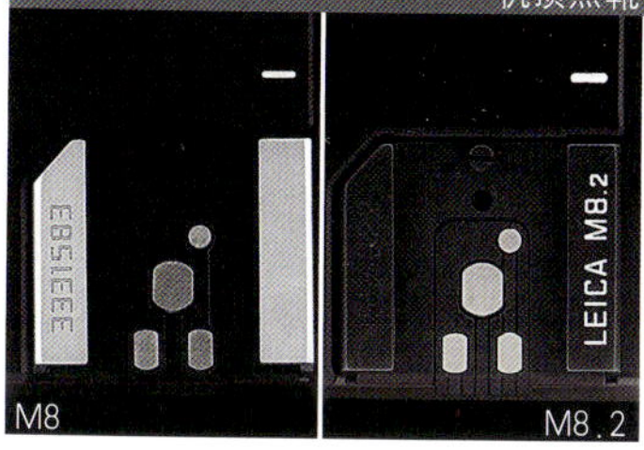

同样地，M8.2的黑色机色连闪灯热靴亦用了黑色。而无论黑色或银色机身，M8.2在热靴上刻有M8.2的字样，黑机身髹上白油，而银机身则为黑油。

主开关掣

为免用家由C连拍模式不为意调至自拍时间掣，M8.2的主开关拨杆在这两段之间增加了阻力，减少误调的机会

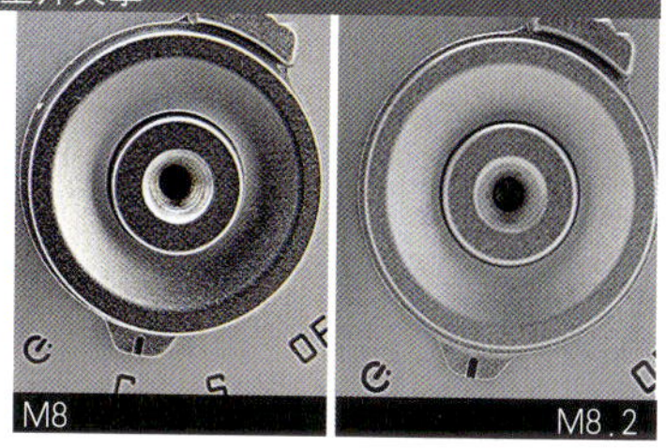

机身饰皮

M8.2改用了「Vulcanite」的饰皮，纹理有如荔枝纹，更显出Leica M传统的贵族气派，更重要是这可大大增加握持时的手感。

升级服务 经得起时间考验！

Leica一向着重M系的延续性，虽然M8.2推出，但正因M系统的成熟和完备，只要M8的用家有需要，Leica也可以替用家把机身升级，以令M8能经得上时间的考验。M8的用家只须把相机送到经销或代理商的客户服务中心，付不同的费用可获不同的升级选择，主要项目有以下两项：

升级宁静快门组件

可换上一个新的金属电子快门组件，由于释放快门的动力会更小，所以会更宁静和震动较少，使它的操作声响可更接近Leica的手动菲林相机。而顶速快门会为1/4000秒，最高闪光同步快门则为1/180秒。

LCD屏面升级为蓝宝石

就像M8.2一样，M8的LCD面可换上防刮蓝宝石玻璃(Sapphire Glass)，这种物料坚硬程度媲美钻石，可防止金属、碎石、幼沙等物料刮损，使LCD面历久如新，绝不像一般屏面因刮花而令观看照片出现困难。

香港升级服务价格(2009年4月)

	M8升级项目	价格
1	快门组+蓝宝石玻璃LCD保护屏+新版亮线框	HK$16,000
2	快门组+新版亮线框	HK$12,000
3	新版亮线框	HK$8,000
4	快门组	HK$9,500
5	蓝宝石玻璃LCD保护屏	HK$9,200

历年来的M系相机都是相机收藏家争相收集的对象，尤其是一些产量少、特别生产的型号更是抢手，它们不单有收藏的价值，亦见证了世界上最重要之一的相机品牌的辉煌背后。

M8/M8.2特别版

展现M系的恒久价值

LEICA M8.2 Edition “Safari” 狩猎版相机套装

这是2009年1月底宣布推出的M8.2特别版本相机，亦是官方正式第一个为M8.2推出的非常规颜色的机身，而且是以套装出售，全球限量500套。这个以绿色的野外狩猎款式作卖点的套装，包括了一部LEICA M8.2 “Safari” 橄榄绿色机色、一支LEICA ELMARIT-M 28mm f/2.8 ASPH银色镜头和专用的银色遮光罩、E39 UV/IR银色滤镜、一个Billingham Combination Bay M “Safari” 橄榄绿色相机包和一条 “Safari” 真皮相机带。其正式推出发售时间为2009年2月，售价为每套7,500欧元。

银绿相配的M8.2

这一部特别版的机身主调是橄榄绿色，机身则基本与原有的M8.2完全相同，那绿色的饰皮也是采用「Vulkanit」荔枝皮纹，而机顶盖、底板、机背等都是橄榄绿色，而部分位置则用上了银色，借以相配套装连的一支银色镜身镜头，加上那一条 “Safari” 真皮相机带用的经典金属扣，整体都给人以经典的感觉。

▲ 机底的护盖也是绿色，但锁钮则为银色。

▲ 这特别版机顶多了刻字，有传统的Leica 商标，下方为德国Leica公司名称，因此机顶盖在后方的刻字省略了。

橄榄绿色够稀有

原来橄榄绿色的特别版机身在Leica来说不算太多，如当年Leitz为德国联邦国防军「Bundeswehr」生产的军用相机，及1977/78年的LEICA R3 “Safari” 橄榄绿色机身等，都是极罕有的珍藏品。

银色LEICA ELMARIT-M 28mm f/2.8 ASPH

套装的镜头则是银色的ELMARIT-M 28mm f/2.8 ASPH，亦是特别铸造的限量版，只与这个“Safari”套装配搭，镜身以铝金属铸造，重量则与原版相同是180g，但就配上一个圆形的银色遮光罩，非常独特。

Billingham Combination Bay M"Safari"绝配相机包

狩猎版的绿色机身，已说明了它是一具户外拍摄的工具，配一个同样品味的相机包是理所当然的，这一个Billingham Combination Bay M “Safari”可谓绝配！它的绿色包身加上棕色的皮扣和边位，色调和风格皆相当一致。

◀在内亦有一个小布标签织了「for Leica」，指明这个相机包是为Leica而特别造的。

拍卖史上最贵的数码相机

第一部LEICA M8

在2008年6月7日于奥地利首都维也纳举办的一场专业摄影器材拍卖会（WestLicht Photographica Auction）中，Leica拍卖全世界第一部量产版的LEICA M8原机，起标价为10,000欧元，结果以24,000欧元(相当于港币三十万)成功得标，迄今这可算是拍卖史上最贵的数码相机。而拍卖所得的款项，由Leica的总裁Dr.Andreas Kaufmann于2008年7月4日在法国南部阿尔勒市的Arles Photo Festival公开地全数捐给世界新闻自由组织「无国界记者」(RSF-Reporters without Borders)。而成功于2008年6月13日成功投得此机的是一位来自俄罗斯的徕卡收藏家。

▲这黑色机身的M8机身序号为3100000，已签署证实为首部生产的M8。

全世界第一部LEICA M8原型机

机身序号：3100000
出产年份：2006年
拍卖序号：147
起标价格：EUR$10,000(2008/6/7)
得标价格：EUR$24,000(2008/6/13)

▶Leica的总裁Dr. Andreas Kaufmann为此机签发的证明。

特别版「熊猫机」？

除了官方正式推出的特别版相机外，原来Leica用家，甚至一些收藏家都会留意Leica所生产的相机的微妙变化，因为这些可能有不同的机身也是他们收集的对象，而且假以时日，一样会变得罕有珍贵。就好像M8推出不久，有部分黑色机身出现了配上银色快门速度转盘，但后来亦改为全部黑色，就算现在M8.2也是黑色机身配黑色转盘的。结果，那些银色转盘的黑色机身被人赋以「熊猫」的昵称，因为银黑的对比就好像黑白对比。

雪白M8

2009年6月推出的M8白色机身版本，饰皮也是白色，而快门钮、主开关、快门速度转盘皆为银色，配银色的ELMARIT-M 28mm f/2.8 ASPH广角镜头。

机身正面

01 镜头释放按钮

使用M卡口式接环，可使用大部份M接环镜头，在按钮旁接环上设有红点，可小心用镜头上的红点对准才把镜头装上。留意装上时可听到咔嗒声，以确定已装好。为了防止尘垢进入影像感应器，若不安装镜头时最好把机身盖盖好，而这释放按钮也可锁定护盖，不会意外掉下。

02 相机带扣

使用原厂的相机带，可轻易快速把带扣上，但留意要确保相机带上的活扣已用保护胶栓好，以免松脱，若使用不合适的相机带，或有机会刮花机身。

▲ 原厂带扣可轻易扣上。要把相机带的胶栓套好。

03 测距器取景窗

这窗主要是用于获取测距用的叠影影像，在对焦时，用家可凭其影像与观景器中的影像重叠来调准焦点。所以，在进行对焦时，此窗不能被遮挡。

04 光度感应器

M8/M8.2虽然秉承着M系的传统操作，不过内部已是先进的数码电子科技，此感应器可测读环境光度，从而调节观景器里的红色LED指示亮度，确保拍摄时有最舒适的效果。

05 亮线框照明窗

这窗是用于收集光线，以把观景器中的亮线框照亮。同样地，拍摄时要避免遮挡。

06 观景器前方

M8/M8.2采用的测距连动观景器的放大率属于0.72x，这是M系相机的中间的一种，同时满足到广角或远摄镜头拍摄之间。使用上要留意，只要保持表面洁净，用任何镜头都能有相当明亮和清晰的影像，令取景框构图更加舒适。

07 自动掣指示灯

当把快门掣下的模盘调至自拍时间掣模式，当按下快门掣第一段便会开始倒数自拍，倒数在观景窗内的上方会有一颗红色LED灯闪烁，而相机可在选单中设定「自拍设定」，作12秒或2秒的倒数。

08 亮线框选择器

可手动调选3组亮线框组合，推杆在最近镜头接环时为28mm+90mm线框，拉开逐一可见到50mm+75mm和24mm+35mm的组合。装上镜头时已自动选择了亮线框，故选择器的位置或有不同。

09 镜头编码感应器

用于侦测镜头接环上的6位元数码编码，以分辨镜头的类型，并把数据传至相机，相容支援的镜头便会把资料记录在影像的EXIF中（在选单的「镜头检测」选项中须选择，「开启」或「UV/IR开启」）。

机身背面

10 底盖锁定卡位

采用如M系既有的相机底盘设计，可牢固地把相机底封好，安装底板时要确保已扣到此卡位，否则底盖不能封好。

11 设定按钮

按下「SET」钮可打开「照片设定选单」，设定感光度、曝光补偿、白平衡、压缩格式、分辨率和用户个人设定等。此按钮亦用于所有选单项目选择之用。

12 资料按钮

在播放重看照片时，按此钮可显示照片的资料，如拍摄的曝光设定、白色平衡、感光度、色阶分布图，甚至焦距等。若在M8.2的「S」模式下按「INFO」按钮，则会显示所用镜头的拍摄光圈/对焦距离提示(35mm或更广角的6位元数码编码镜头)。

13 保护按钮

在播放照片时按此钮，可选择把照片作删除保护，选项包括单张或全部进行，也可解除保护。

14 删除按钮

用于删除照片之用，亦有单张或全部的选项。

15 USB插口

接驳电脑作传输之用。

16 播放按钮

按此钮可重看照片，配合快速转盘及方向按钮可放大和仔细检视照片，再按一下播放钮则可回复原先显示照片的大小。

17 观景器

标准的观景器的屈光度为–0.5dpt，如有需要可另加屈光矫正镜片，若需要把景观放大，如使用长焦距镜头时，也可加装放大器(LEICA VIEWFINDER MAGNIFIER M)，有1.25X或1.4X的选择。

18 选单按钮

按下「MENU」按钮就可显示选单的设定项目，再按一下便退出，而选择有多达24个，可转动快速转盘或用方向键（上、下）调动，并用「SET」按钮作拣选。

19 快速转盘

可在各选单上作卷动。于播放模式时，可使用此转盘放大缩小照片，方便快速检视照片的局部位置，如焦点的锐利度检视。

20 方向键（上、下、左、右

用于设定选单，或在观看照片时把照片作移动。

21 LED灯

这灯主要是当照片的数据记录到记忆卡时闪动，以提醒摄影师不要把记忆卡拔出。然而，M8/M8.2的设计者亦考虑到专业的稳定性，若真的在此灯闪动时不慎打开了底盖或拔了卡，相机仍会在之后把缓冲里余下的影像继续贮存到SD卡中。

22 显示屏

此为2.5寸23万像素的LCD彩色显示屏，M8.2比M8较优是采用了防刮花蓝宝石玻璃面，M8用家可考虑原厂升级改装。而这个显示屏也有一个特点，就是100%放大照片时，就是1个显示像素代表1个影像像素，这让摄影师较易掌握拍摄后影像的质量。

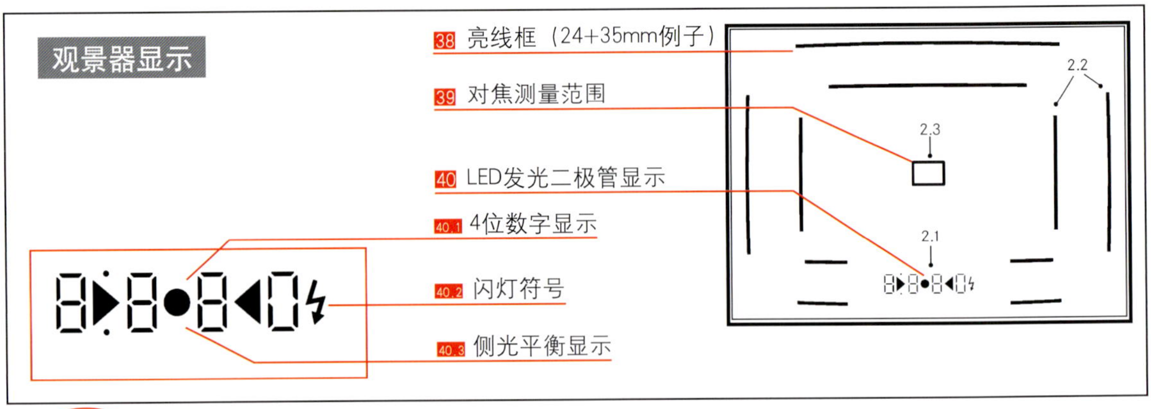

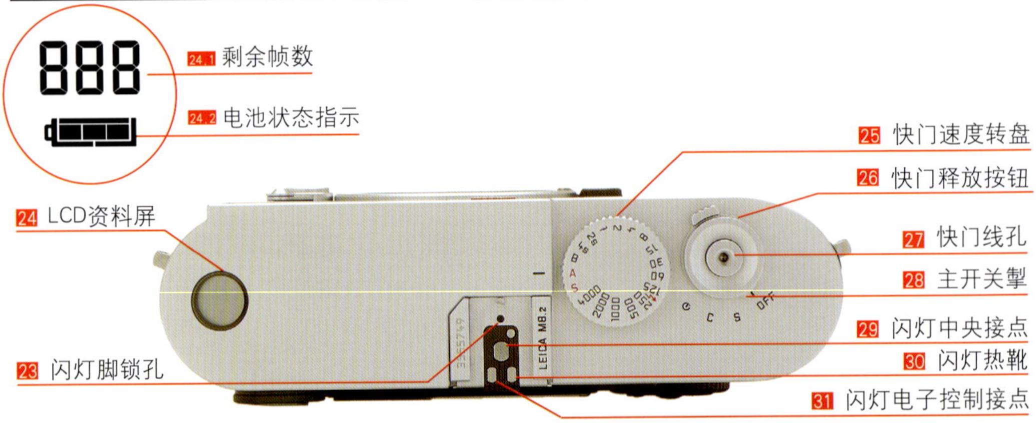

机身顶部

23 闪灯脚锁孔

供闪灯脚锁紧之用。

24 LCD资料屏

单色的小型LCD显示，提供记忆卡可拍摄的余下帧数及电池电力。

24.1 剩余帧数

当SD或SDHC记忆卡插入相机及把底盖装好后，会即时显示可拍摄的照片数目。若没有装上记忆卡、底盖打开未安装好，均会显示为「0」。

24.2 电池状态显示

各显示的电量状态。

约75–100%电量

约50–75%电量

约25–50%电量

约5–25%电量

约0–5%电量，须换电及充电

25 快门速度转盘

M8.2同时设有A（光圈先决）和S（快拍模式）两个自动模式，而可选快门范围由4秒至1/4000秒，与M8稍有不同。但两机的快门速度盘皆可每半级调校，亦跟随观景器的测光指示箭头的方向作测光平衡。

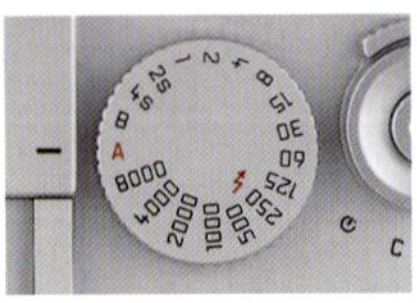

◀M8的快门速度转盘，除了少了S档外，也有了1/8000顶速快门，而最高闪光同步快门为1/250秒。

26 快门释放按钮

共有三个级段，按下第一段为启动相机电子系统及测光表，第二段时可锁定测光值，第三段即全按，便正式释放快门曝光。

27 快门线孔

标准的传统快门线插孔，设有螺丝坑，当使用B门长时间曝光时便十分有用。

28 主开关掣

每当旋OFF钮至相机开启，约2秒时间便可进行拍摄。

OFF —— 关机

S —— 单帧拍摄

C —— 连拍

⏲ —— 自拍时间掣

因为M8时由C转去自拍掣一档时较易，令用家在拍摄时误转了档，因此在M8.2就加强了C档与自拍掣之间的阻力，避免意外拨至自拍掣，错过拍摄难得的画面。

29 闪灯中央接点

作基本的X–Sync闪光同步。

30 闪灯热靴

可加装闪光灯，或装上一些广角镜头所需的观景器。

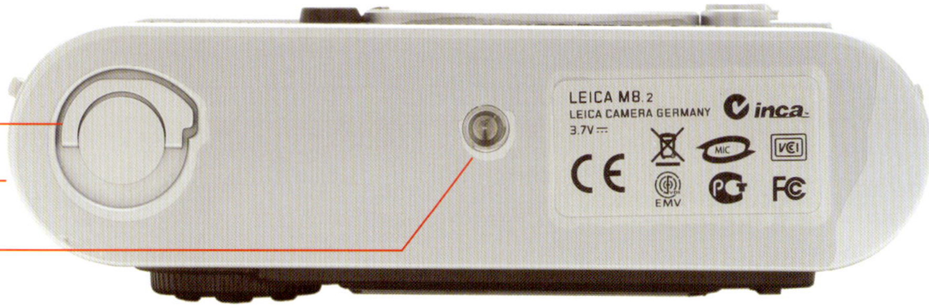

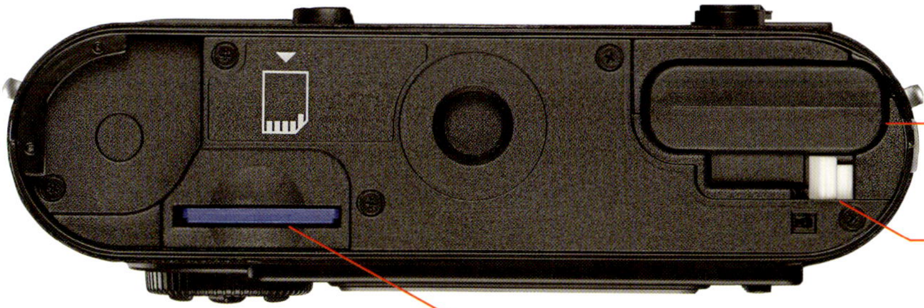

机身底部

31 闪灯电子控制接点

M8和M8.2都相容既有Leica的TTL闪光系统，即SCA3502 M4的M-TTL或现有Leica的SF24D及SF58闪光灯，这些电子接点可有助全自动的闪光曝光操作。

32 脚架孔

使用A¼，DIN4503(¼")脚架孔。

33 底盖

与机身顶盖同以黄铜制造，坚固耐用，封好后可防尘防水气。

34 底盖锁掣

用以开关底盖。

35 电池室

专用锂离子充电池，根据CIPA标准，充满电可约拍摄500张照片。

36 电池锁定掣

把电池插入槽后会自动固定电池，以防意外掉下，只要轻推便可把电池释放出来。

37 记忆卡槽

可相容SD或SDHC记忆卡，最大支援容量达32GB。

38 亮线框（24+35mm）

分别有24/35mm、50/75mm和28/90mm。

39 对焦测量范围

采用的连动测距方式是透过这范围内的影像重叠来测量焦点的距离。

40 LED发光二极管显示

这是在观景器中负责显示测光、曝光资料的部份，其明暗可随着环境光线而自动调节。

40.1 4位数字显示

以每个7节的跳字和上下的点显示，在A光圈先决模式会核示自动的快门设定数值，或1秒以上的曝光倒数时间。当过度或不足曝光时数字会闪动警示。在使用了曝光补偿、曝光锁定时提示，记忆卡满时亦会提示。

1500	快门速度（1/1500秒）
12	慢快门倒数（12秒）
3▸2''	模式曝光不足时（32秒）
4000	A模式曝光速度（1/1500秒）
125	曝光锁定
-.50	已用了曝光补偿（如–1/3EV）

40.3 测光平衡显示

以两个三角型和中间的圆点作指示，简单易用，在M8.2的S模式下，若左或右三角形亮起，即表示过暗或过亮，若只中央圆点亮起，即曝光可以正确。

手动模式下，这个显示非常有用，而且易于操作，当测光系统认为太光时会显示右边三角形，只要把快门盘或光圈向左扭便能平衡，至中央圆点出现便是最接近相机认为的准确曝光设定。

M手动模式下的测光显示

▶	过暗 光圈环或快门速度盘应向箭咀方向调校
▶ ●	接近正确
◀	过亮 光圈环或快门速度盘应向箭咀方向调校
● ◀	接近正确

40.2 闪灯符号

亮着时表示闪灯已准备就绪，另亦显示闪光前后的情况。

▲LEICA TRI-ELMAR-M 16-18-21mm f/4 ASPH, ISO 160, f/8, 1/1000s

直接而快速地
运作选单

很多Leica的M系相机的用家都会对传统的Range finder相机操作十分熟练，这种讲求快速而直接的拍摄方式，甚至成为了一类摄影师必然的选择，如摄影记者或纪实摄影师等，所以在M8/M8.2上所采用的数码操作，也得尽量减少对摄影师以传统Range finder操作方式上的干扰，所以用其机背的LCD控制相机各种性能调校时是非常容易和简单，除了主选单外，还利用「SET」按钮主管一个照片设定选单，即把所有拍摄上最必须的功能调控放置其中，如ISO、曝光补偿、白平衡、档案格式、解像度等，一按即可进入调校，贯彻地表现出M8/M8.2那种讲求直觉式操控的灵活性，摄影师根本不用再左校右调。本章我们会把相机的各选单调控细节逐一讲解，让大家可以快速地掌握，并为大家提供各种建议。

[MENU]主选单

按机背的「MENU」选单按钮便可打开这个主选单，它里面主要是设定相机的一些功能性的设定，这些设定会影响某些相机的表现功能，如显示屏的亮度、播放照片时的色阶分布图方式、节电功能，以至照片的色域、锐利度、饱和度、反差等等，都——可在这里预先设定好。

图像设置	彩色
日期	23/04/2009
时间	15:45
Language	中文
格式化SD卡	

注意：当使用M8.2的S快拍模式时，按「MENU」所得的主选单会变得很简单，只有4项目，包括图像设置(彩色/黑白)、日期、时间、语言和格式化SD卡。

镜头检测

镜头检测	关闭
用户个人设定	
自拍设定	12秒
ISO自动设定	根据镜头焦距设定
锐度调整	标准
色彩饱和度调整	标准
反差调整	标准

这个设定主要是为数码而设的，把它开启的作用是要侦测所用的镜头是哪一支，这些数据会传给相机，当相机知道用了哪一个镜头，便会在边缘失光上作出相应的修正，这也是确保可把影像质量提升的重要一环，亦只有现时数码可以做到的。而这功能带来另一样的好处是，由于可把镜头的数据传给相机，当然也可把之记录下来，就是运用数码相片中的EXIF档来记录。

当然，要把镜头的数码资料记录下来，就要用相容的6位元数码编码镜头，在镜头检测项目下可选择「开启」，若你的镜头使用了UV/IR滤镜，则应选择「UV/IR开启」，若不须镜头检测可选「关闭」。要提醒大家，若使用较新的镜头，要确保相机能真正检测到，也要看看相机用的韧体(Firmware)是最新的，如最近出的Noctilux-M 50mm f/0.95镜头，也是经过M8/M8.2的韧体更新后而得到支援。

镜头检测	开启
用户个人设定	UV/IR开启
自拍设定	关闭
ISO自动设定	根据镜头焦距设定
锐度调整	标准
色彩饱和度调整	标准
反差调整	标准

▲ 如使用了UV/IR滤镜，应选择「UV/IR开启」。

EXIF - Camera	
Make	Leica Camera AG
Model	M8 Digital Camera
Camera serial number	
Firmware	
Software	2.000
Owner	
Lens	75 mm f/2.5
EXIF - Exposure	
Shutter speed	1/180 sec
Aperture	f/8
ISO speed rating	160
Exposure compensation	0
Flash mode	Flash on, did not fire
Flash compensation	--
Exposure program	manual
Exposure mode	manual
Metering mode	center weighted average
Drive mode	--
Focal length	75 mm
White balance	Auto
Color space	--
Dimensions	3916 x 2634
Format	DNG
Date	2009:04:22 19:01:52

▲ 使用了镜头检测，镜头的资料会写入EXIF中，在电脑可查看到所用的镜头。

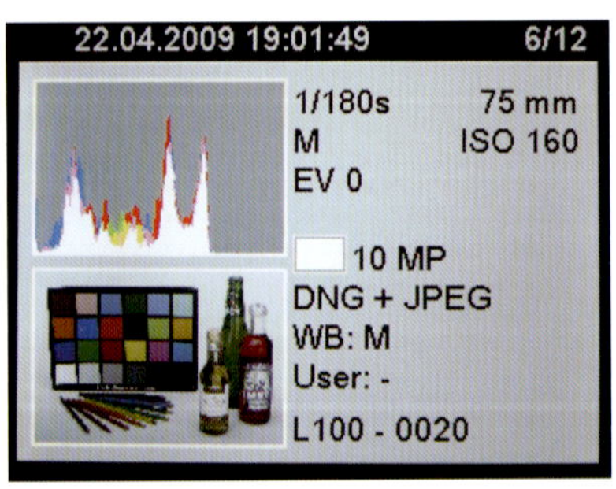

▲ 经镜头检测，照片拍摄后在相机里亦可看到所用的镜头焦距。

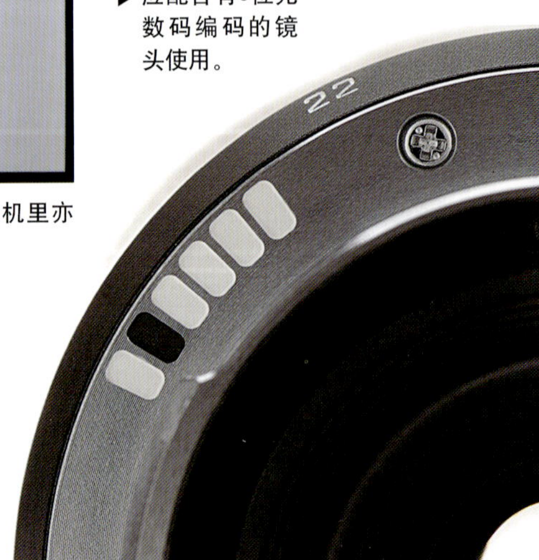

▶ 应配合有6位元数码编码的镜头使用。

用户个人设定

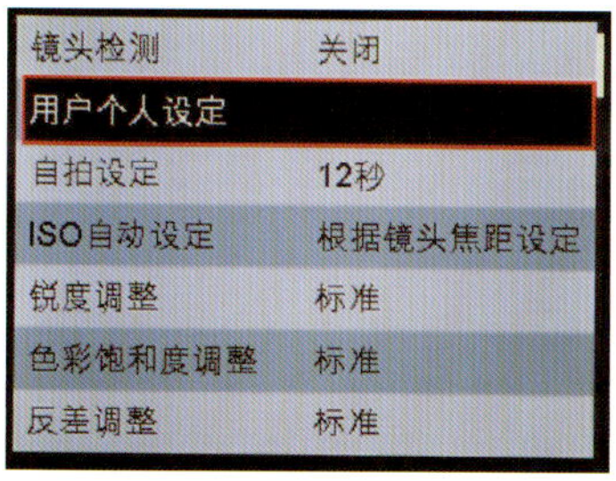

在这个设定下，用家可把所有当时相机的设定，包括在按「SET」按钮后所作的照片设定，以及在主选单中的各种设定全部记录成一个专用的个人设定组里面，而相机分别最多可贮存3个，用家大可把3种应付不同拍摄场合需要的设定记录下来，待有需要即时召出使用，如第1个作平日户外拍摄，第2个作夜景拍摄，第3个则可作街头快拍等，这样便可管理好所有场合的设定，而不用每每重新设定，或因为匆忙之下校错设定。

输入了的1–3的用户个人设定，可以按「SET」按钮选最下的一项，然后从1–3之间快速选择。

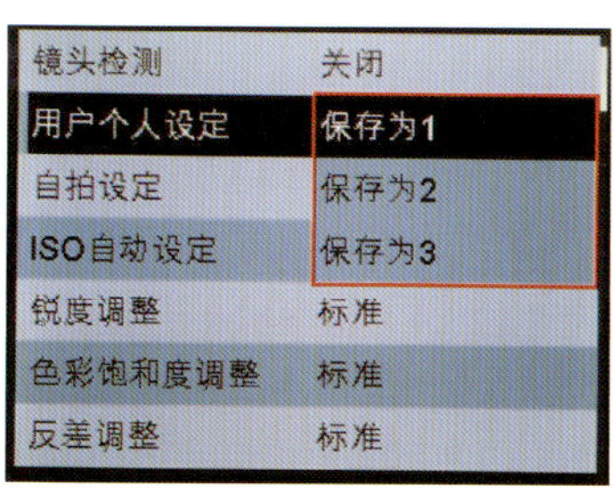

▲ 可选择贮存3组设定，并能在按「SET」按钮随时召出使用。

ISO自动设定

M8和M8.2有自动ISO的功能，可以视乎环境光度而自动提升相机的ISO感光度，以确保能拍到清晰照片，而又不会因为快门太慢而导致影像模糊。而在这项设定下，摄影师可选择主要两个设定，分别是要推高ISO的快门速度（最低速度）和自动ISO的最高限制（最高ISO）。而这些设定也会在S快拍模式中应用到。

· 最低速度

在自动ISO时，摄影师可限定当光线不足时相机自动提高ISO以达到某一个快门速度，以避免

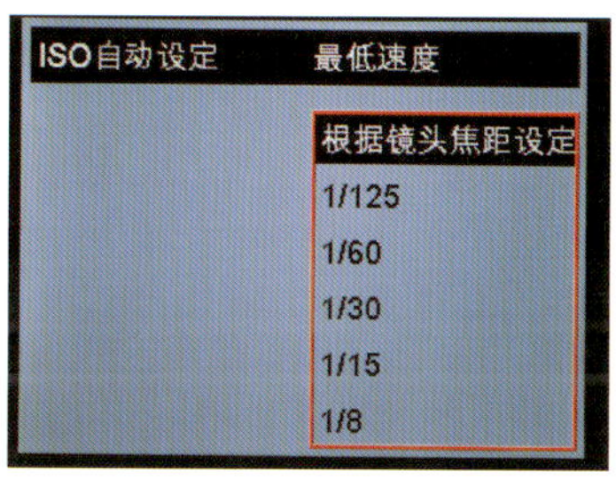

· 最高ISO

而另一个设定是用于限制相机的自动ISO时最高的感光度，而M8和M8.2的ISO范围由160到2500，均可以让摄影师选择，对于讲求画质的用家，宜把这个最高的ISO设定到大约ISO 640，因在ISO 1250到2500的影像噪点会明显较多。然而，若以摄取影像为先，质量为后的摄影师，当然愈高愈好。

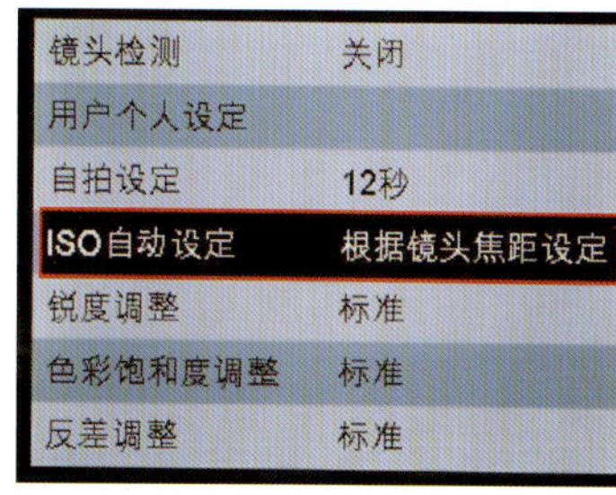

手抖，分别有5挡。此外，摄影师若不想每次都因为焦距长短而更改此项，可索性使用「根据镜头焦距设定」一项，相机便会自动因应所检测到的镜头焦距，以其倒数作为最低速快门，举例如使用50mm镜头，就会自动以1/50秒作最低速快门，相机的自动ISO会因应需要提高感光度，以确保快门速度在1/50秒或以上，建议大家可使用这个设定。然而，在A或S的自动曝光模式下，就算用了自动ISO和这个最低速度设定，相机依然是按测光读数来曝光，以获得正确的曝光，只是当感光度提升后仍不足，观景器中的快门数值或曝光指示会闪烁提示。

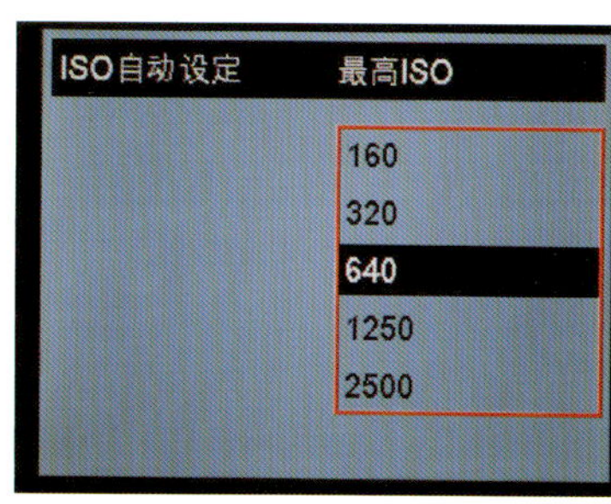

自拍设定

M8和M8.2都可以设定自拍时间掣，并可于这项目下设定倒数的时间，分别有2秒和12秒的选择，用家可按自己的需要而调校。而使用上亦非常简单，只要把快门释放按钮下的主开关掣拨至☉，便可进行自拍。

而Leica对M8和M8.2的传统拍摄功能可谓花尽心思，简单如自拍时间掣，其实也有一个传统功能上的安排，就是T快门。大家可能知道B快门是长时间曝光的手动快门，只要按着快门掣至松开手便是曝光的时间，但其实以往机械年代已有一种T门，即按下快门掣后，快门会开启，直至再按一下快门便关上，这便不须长时间按着快门掣，无论是机上的快门按钮抑或使用快门线也可以做到。用家只要在使用相机的「B」快门时同时开启自拍时间掣，当按下快门按钮开始倒数至快门打开，只要再按一下快门按钮，快门便会关上。

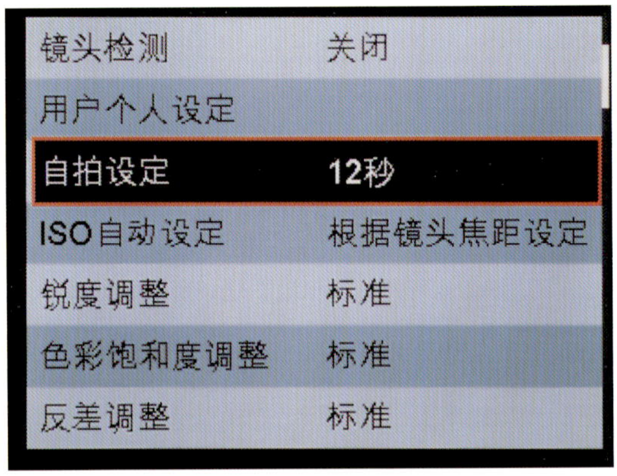

▲ 把主开关杆调拨至自拍模式，可进行自拍，而倒数的时间可选2秒或12秒。

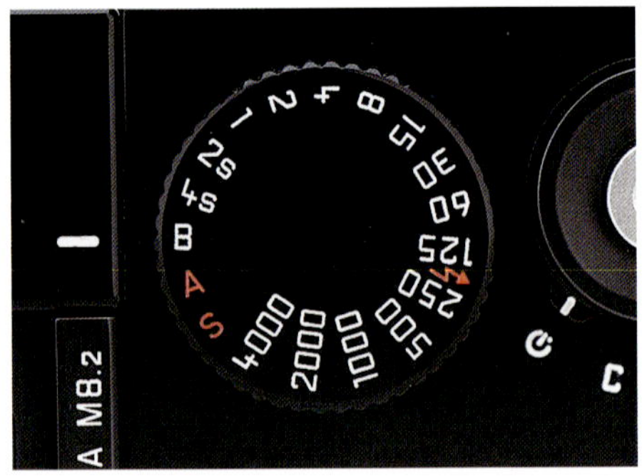

▲ 在B门时使用自拍时间掣，可以作T门之用。

锐度调整

共有5个选择，出厂设定为标准，从拍摄中所见，在「标准」时锐利度一般已很高，就算用「低」已足够，若不想出现任何因锐化造成的画面瑕疵，索性用「关闭」，建议无必要提高锐利度到「较高」或「高」。事实上，数码照片已可在拍摄后再在软件处理，若真有需要提高锐利度，也可在软件上处理。

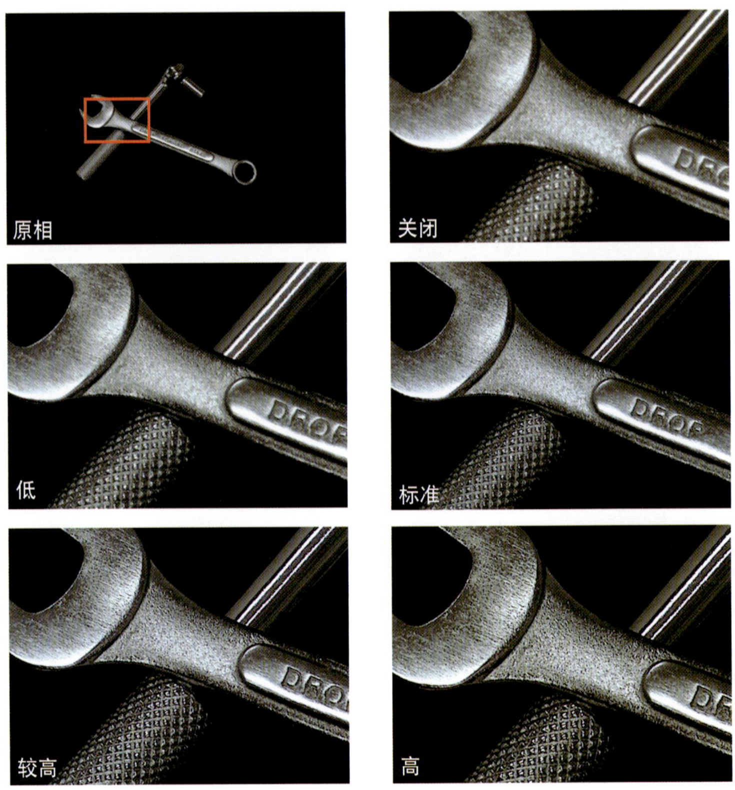

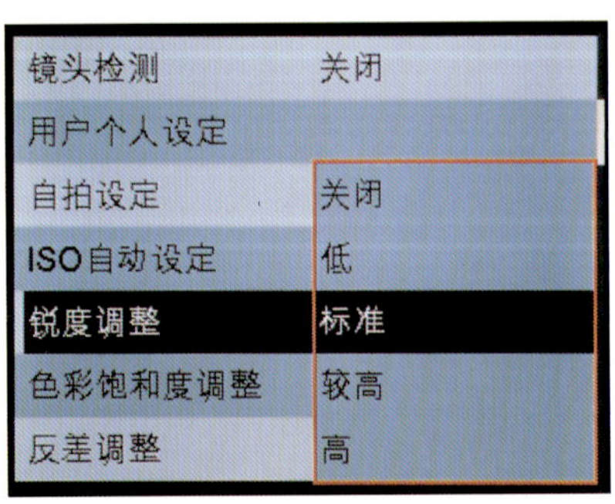

▲ 建议使用「标准」便足够。

色彩饱和度调整

在色彩上，数码相机基本是有很大的调控空间，当然，对很多用Leica M系统相机的用家，大多都会异口同声喜欢Leica镜头的那种味道，其实当中包括色彩的浓淡方面，Leica在饱和度上是公认足够好的，所以饱和度调节方面，似乎Leica也作出了平衡，在总共5个的彩色饱和度之间，其实变化是相当缓和的，纵使在最鲜艳的那一级「高」，也并非太过炫目，然而，我们建议可用回出厂的「标准」设定，若偏向选较淡的色调，可以用「较低」，也可视乎光线环境或主题来选用不同的饱和度。当然，最后一项选择就是「黑白」，没有较复杂的黑白设定，直接使用便可。

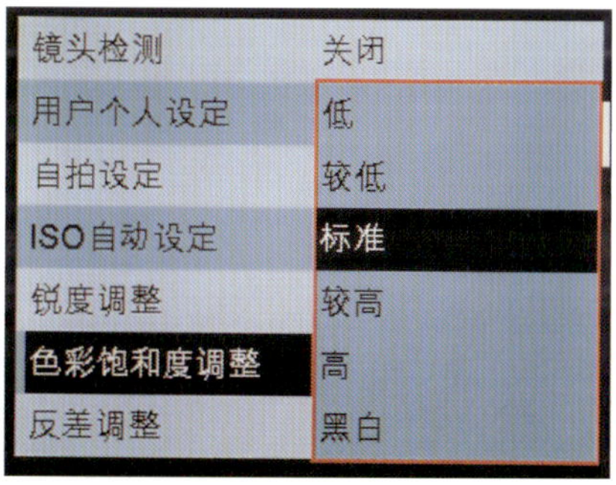

低

较低

标准

较高

高

黑白

反差调整

反差或对比度相信不少摄影师都已掌握，数码照片也可在拍摄时改变其反差，低的反差会有助光位和暗位里的层次表现出来，照片看来会较平实，相反，高的反差会令高光位和暗位的对比增强，令照片看起来较鲜明。在M8或M8.2上的反差调整共有5级的选择，之间的变化同样属相当和缓，所以用家不怕调错而令照片出现太大的变化，甚至破坏了照片，然而，建议使用「标准」就可以了。

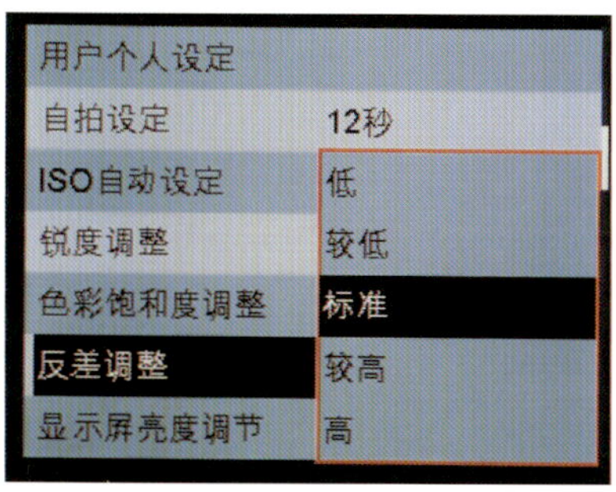

低

◀ 反差(Contrast)又或叫对比度，在以往菲林年代其实很受镜头品质影响，甚至可说受制于镜头光学品质，故Leica致力在镜头设计上满足这方面的需要，到数码年代，过往近一世纪的光学技术，十分有利高品质的影像还原，数码方面的处理则变成一种弹性。

较低

标准

较高

高

显示屏亮度调节

这设定可直接改变LCD屏的显示亮度，以便在不同光亮的环境下可以继续清楚看到显示屏的内容。而较特别的是，在调校设定时，选项的下方会有一条灰度图表，让摄影师即时判断所用的亮度在当时的环境能否显示到最多的层次细节，这可说是为专业用家而设。建议一般使用「标准」，但你会发觉当在室内使用时，当调至「较低」或「低」时，灰度显示会较仔细，若希望尽用LCD观看照片的细节，在室内不妨调暗一点。

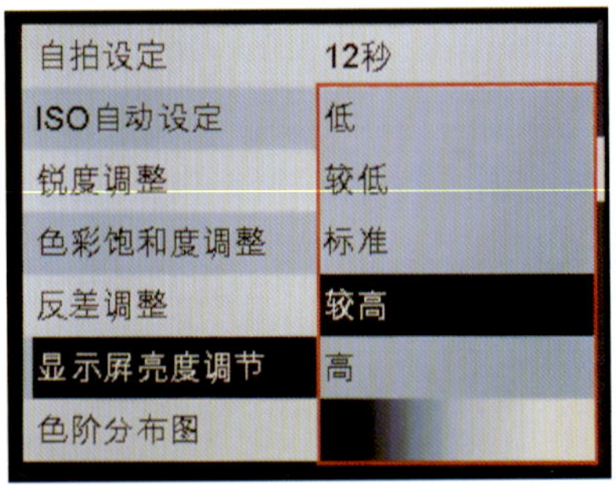

影像的质量设定

在M8和M8.2里，其实有三项主要的即时修正画质的选项都设在主选单中，它们分别是锐利度、色彩饱和度和反差，用家可因应需要而选择，由于这些设定只对JPEG档案产生作用，并不对DNG的RAW档案产生影响，所以对于只用JPEG或DNG+JPEG拍摄的用家有用。

▲ 若想在拍摄后有更充足的后期处理弹性，把照片的质量推至更高的水平，使用DNG的RAW格式拍摄便是最佳的选择，配合相关的RAW软件，便能作精细的修正。

色阶分布图

色阶分布图(Historgram)对很多摄影师来讲，是最快和最易判断照片曝光度和质量的方法，所以在很多相机上都有色阶分布图的显示，然而，专业摄影师会考虑到色彩的色阶分布，所以M8和M8.2皆可让摄影师自行选择要显示的分布图类型，有基本和RGB显示两种。选择后，在播放照片模式下按INFO按钮，便可即时看到色阶分布图。另外，在此项目下亦可选择重看照片时是否有高光位的显示，即「溢出」的显示，画面会见到红的色块，表示这些位置的光度已超出色阶范围。

而所选择的色阶分布图的类型(标准或RGB)，若在「自动回放」中也选择显示的话，亦会在拍摄每张照片后即时显示出来。

不过要留意，在M8.2的S快拍模式中，按「PLAY」按钮显示照片，再按「INFO」是不会有色阶分布图的显示的。

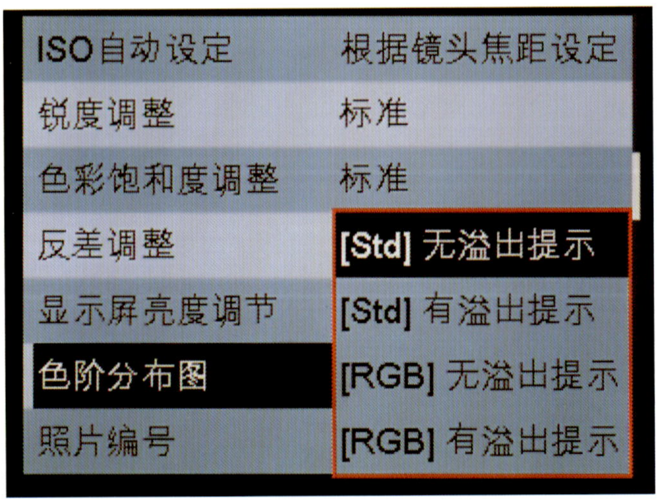

4种色阶分布图及溢出显示

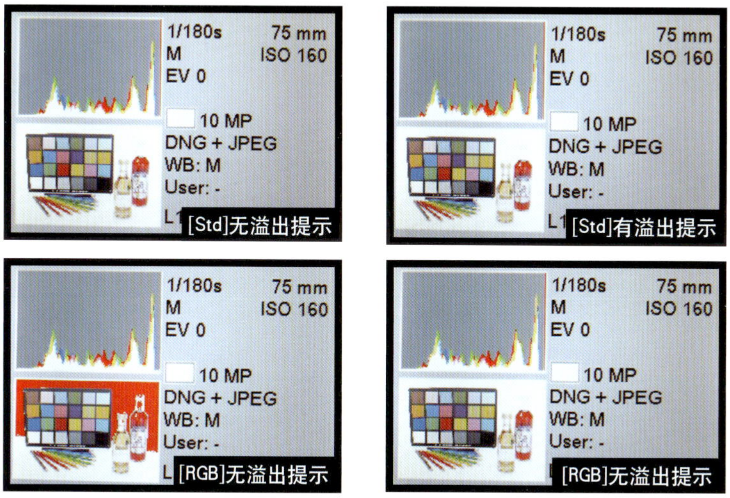

即时显示连色阶分布图

▲ 用家亦可在主选单「自动回放」一项中（请阅下页），设定在拍摄后即时显示照片同时显示色阶分布图，这便可更快速在拍摄现场判断照片的曝光情况，从而决定是否重拍，或改善曝光。

照片编号

此项目可帮助摄影师把照片的档案编号命名定下规则，方便摄影师把照片归类，亦可以令照片有顺序的编号，方便搜寻。用家有三个设定可选择，分别为「连续」、「标准」和「后退」。

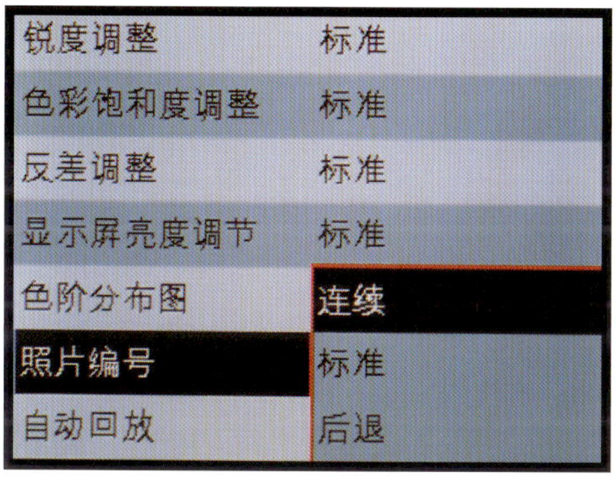

档案的编号

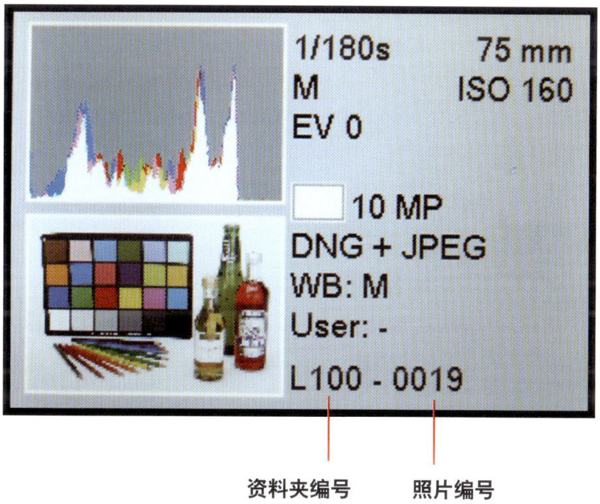

「连续」—这是基本的设定，照片的编号会一直顺序增加，就算换了记忆卡或把记忆卡格式化后亦然。建议用这个，确保不会重设档案编号，减少可能因大意在下载电脑时抄进同一资料夹的可能，避免覆盖了原有的影像档而失去了珍贵的照片。

「标准」—选择这项目后，每次换卡或格式化后，照片编号都会重新由0001开始。

「后退」—每进入「照片编号」选一次这个「后退」设定，就会在记忆卡上开一个新的资料夹，再拍的照片亦从0001重新开始。这功能方便摄影师一旦需要拍摄另一组照片，而又不想与之前的照片放在一起时使用，能把照片以不同资料夹分开。

「重设文件夹编号」—这一个选项会在刚把记忆卡格式化而又未开始拍摄时才能见到，选择它的话可把资料夹的的编号重设至L100。

自动回放

数码相机可以即拍即看，M8和M8.2亦不例外，所以用家可以设定拍摄后相机自动显示刚拍的照片的持续时间，包括「1秒」、「3秒」、「5秒」和「保持」，最后一项是显示至再按其他按钮为止。除此之外，在此项目下亦选择是否在即时显示照片的同时显示那个色阶分布图，用以辅助判断曝光之用。

一般来说，即时显示照片的时间不用太长，约3秒其实都足够，因为大部份摄影师都会继续拍摄，这功能大概是用于瞄一瞄照片是否可以，有需要再按「PLAY」按钮来细看，甚至对一些习惯使用M相机的用家，索性也不看的，保留着传统用菲林拍摄的节奏，那便可用「关闭」。

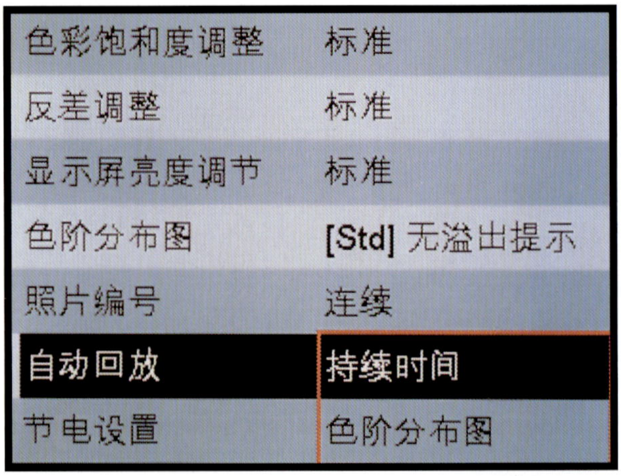

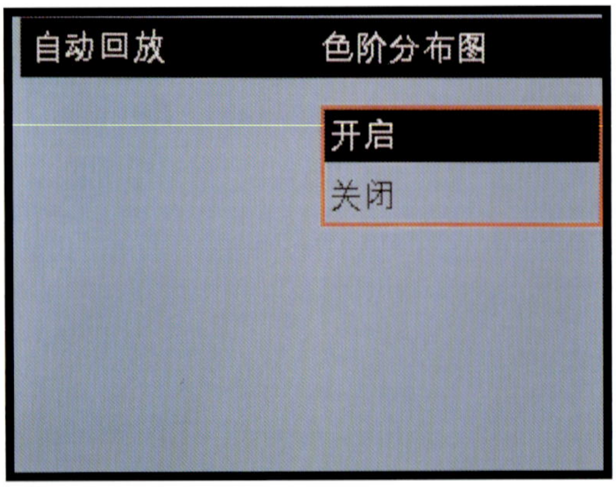

▲ 也可选择即时显示照片时是否也显示色阶分布图。

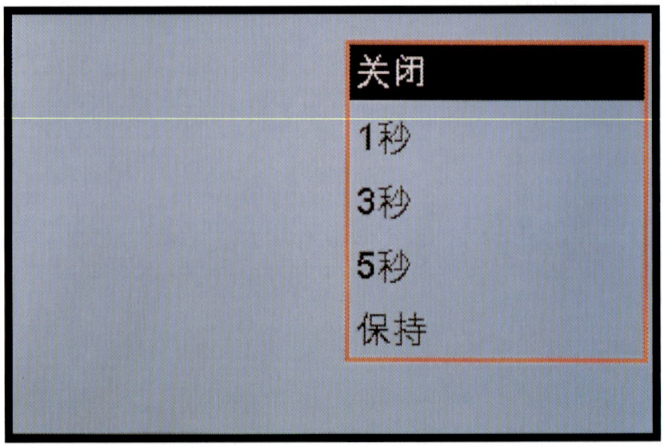

▲ 可选择照片在刚拍摄后即时显示的时间长短。

节电设置

可以把相机的备用时间作出调校，从而减省电池的耗用，使电池可以更耐用。即在这选项下，可选择自动关机的时间，包括2分钟、5分钟和10分钟，另外亦可选择关闭此功能。

一般来说，很少摄影师会长期开机，由于相机由启动到可拍摄只需约2秒时间，所以大家可随习惯作设定，若真担心会错失重要的瞬间，那么应选择不自动关机，但电量会较快用完。

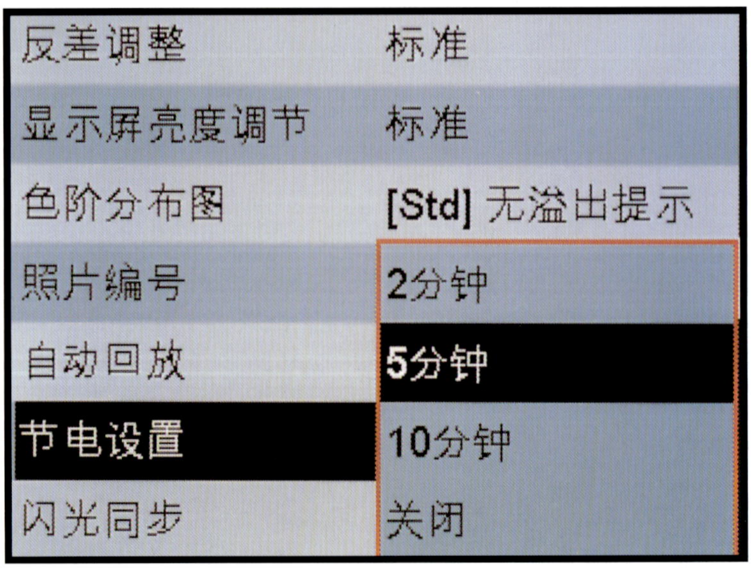

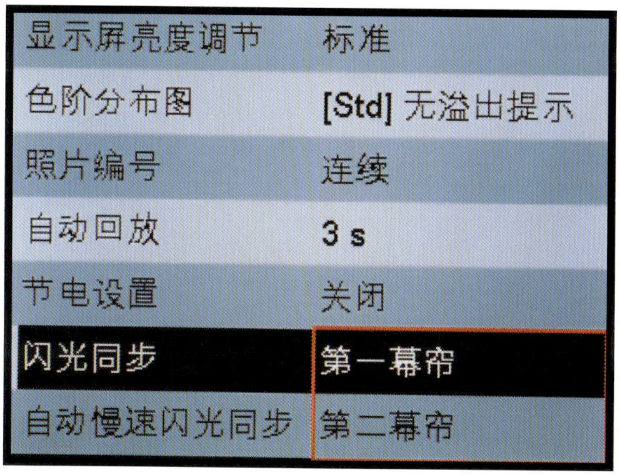

前帘（第一幕帘）

后帘（第二幕帘）

闪光同步

M8和M8.2均可引发闪光同步，而且可以透过这选项选择前帘（第一幕帘）或后帘（第二幕帘）闪光同步，前者是快门帘刚打开便作闪光曝光，后者则在快门帘要关上前才作闪光，当使用慢快门拍摄时，这两种闪光会有不同的影像效果，尤其适合拍摄有光流迹的影像。

自动慢速闪光同步

由于M8和M8.2拥有TTL闪光系统，配合闪光灯可以进行闪光拍摄，所以也特别在这方面加入前帘、后帘同步，以及这个慢速同步功能，当在自动曝光模式时，相机便会因应所设定的最慢快门作为自动同步闪光的快门速度。

在选项的最后3个是直接选取闪光时最慢可降至的同步快门，分别为1/30秒、1/8秒和32秒，用家可按需要选择，如不想出现手抖，可使用较快的1/30秒，若毋须理会手抖，如使用了脚架，使用32秒也可以，相机会因应现场光线去选取合适的快门时间。如怕手抖令照片模糊，最保险的就是选择第一个选项「根据镜头焦距设定」，即相机会自动按镜头的焦距来选取最慢的同步快门，如使用35mm镜头，最慢的快门为1/30秒，但要注意，因为这样，现场光度若更暗时，所限制使用的最慢速快门可能不足以使现场背景光度有足够的曝光，容易出现背景暗、主体亮的情况。如选择「关闭（1/180）」（M8.2）/「关闭（1/250）」（M8）时，当使用闪灯时，相机的快门便强制设定到相机的最高闪光同步快门上，即M8.2的1/180秒和M8的1/250秒。

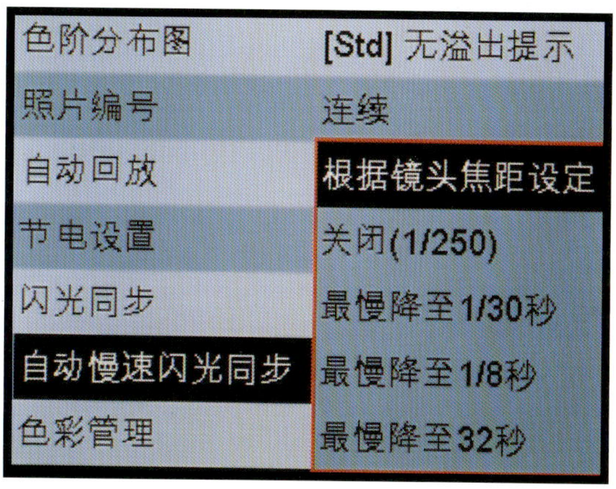

色彩管理

M8和M8.2是一部Leica的专业级M系相机，所以要将其影像质量贯彻到整个工作流程，如输出至印刷出版、以及其他媒体上时，就要有良好的色彩管理系统。因而相机设有3个照片的色域设定，分别是「sRGB」、「Adobe RGB」和「ECI RGB」。

sRGB是最普遍电脑系统使用的色域，其包含的色彩范围是较窄的，适合一般在显示屏上观看，如互联网的发表之类，而Adobe RGB和ECI RGB的色域则较阔，适合后期的处理，以及输出至出版印刷之用，Adobe RGB较为人所熟悉，但ECI RGB其实跟Adobe RGB好接近，色彩范围略大，所以建议尽量用后两者的色域。要注意的是，若在「SET」照片设定选单里把影像格式选为仅「DNG」时，这项「色彩管理」的设定便不能使用。

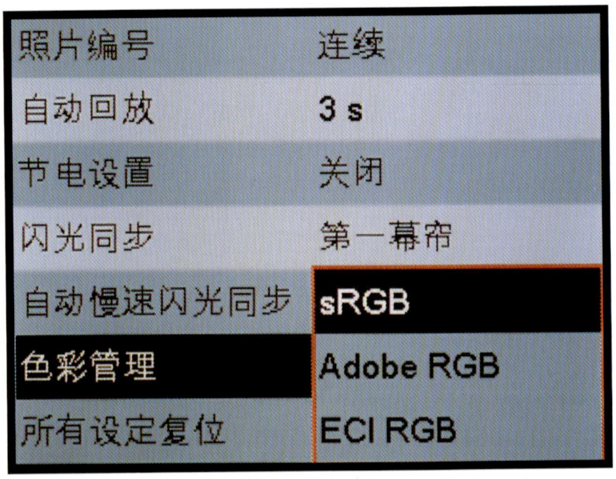

色域范围比较

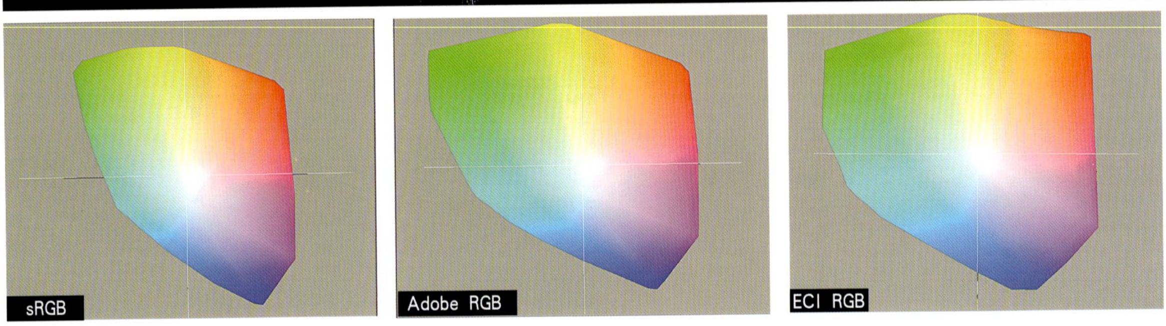

▲ 可见，Adobe RGB和ECI RGB色域所涵盖的色彩范围是比sRGB多的。

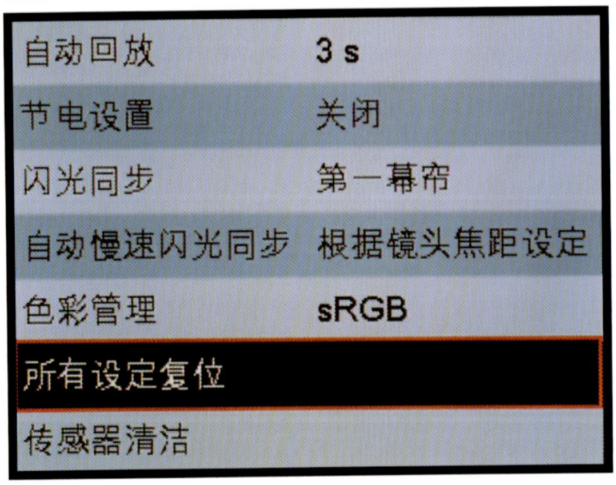

所有设定复位

用此项目可以把相机各种设定重设至出厂时的设定，尤其仍未熟悉相机功能时最有用，因常会试着调校各种项目而误设了，令拍摄不理想，此项目可再重新设定相机。当然，建议大家设定到最理想的时候，就用「用户个人设定」项目把所有设定贮存下来。

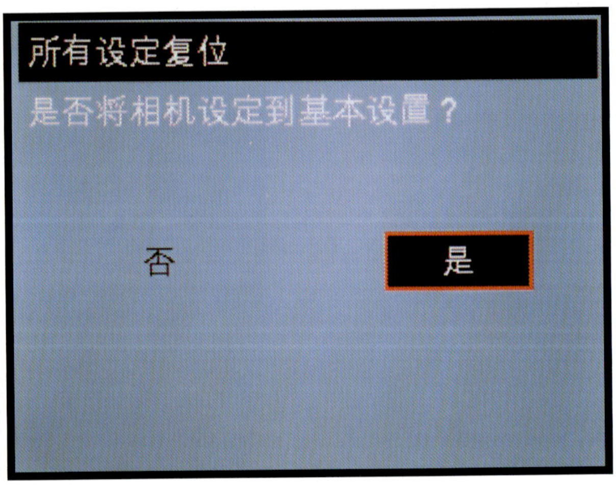

▲ 选择「是」会把相机主选单和照片设定选单的各种设定重设。

ECI RGB是什么?

ECI其实是「The European Color Initiative」的缩写，即欧洲色彩促进会，由一群来自出版业的专家组织，于1996年6月在汉堡成立。这组识致力为色彩产品标准作出制定，而ECI RGB这个色域标准正是为了涵盖印制输出需要而设的，它的色彩涵盖度比Adobe RGB还要宽一些，而且可覆盖很多印刷设备上，如喷墨打印机以及柯式印刷等。

提示：由于电脑的作业系统未必有ECI RGB的色域在内，建议用家可在ECI 的官方网站下载，网址：http://www.eci.org/

传感器清洁

若发现照片可能因为影像感应器上有尘积聚而造成一些黑点时，可用这项目打开快门帘，然后进行检查和清洁。在此项目下选择「是」之后，再按一下快门释放按钮，便可保持打开快门帘，这时便看到CCD影像感应器。

自行进行清洁时，谨记要在少尘的环境下进行，切勿用任何物件触碰到感应器，喷尘最好用没有毛扫的喷尘泵，若用压缩气体则小心喷进液体，亦切勿用口吹气进去，不小心把飞沫喷进去就会留有污渍，更难除去。而进行前确保电池已充电，若电池不足60%电量，相机也不会启动此功能，若清洁中途没电，相机的LCD会提示，那用家要尽快把气泵移离快门帘，否则或会造成损坏。若自行除尘后仍未能把感应器上的尘粒除去，建议送回Leica的原厂维修中心处理。

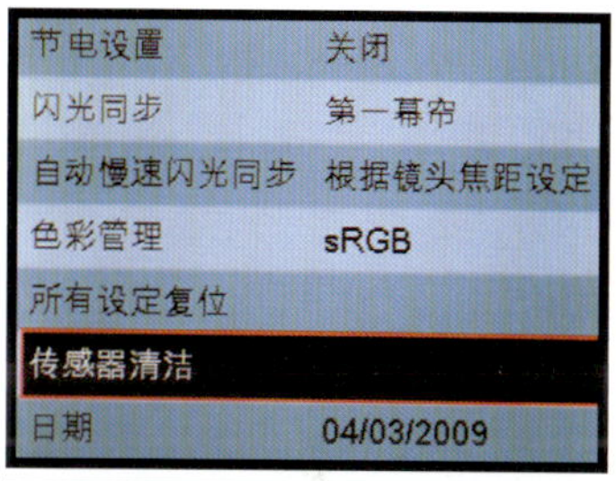

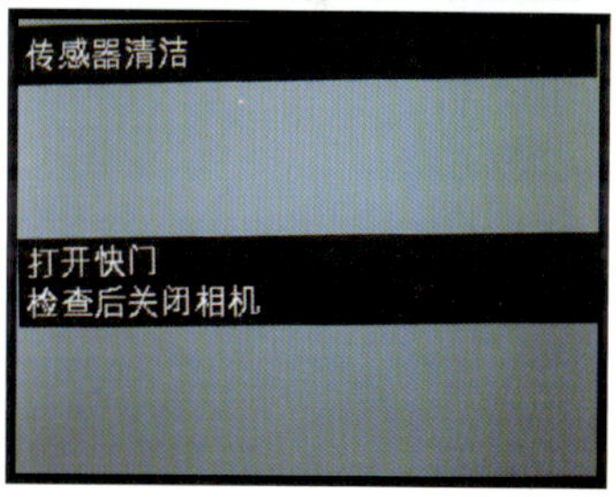

▲ 选择进行清洁后，相机会提示按快门释放按钮便会打开快门帘，关机便会关上。

日期

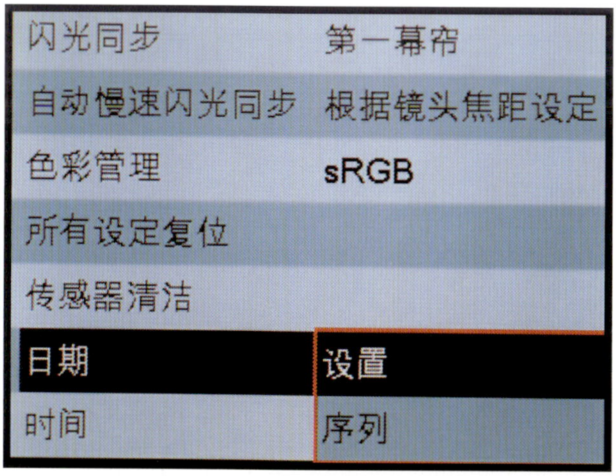

设定日期可以令每张影像记录拍摄的日期，而在相机上亦可作显示，并有三种显示方式。

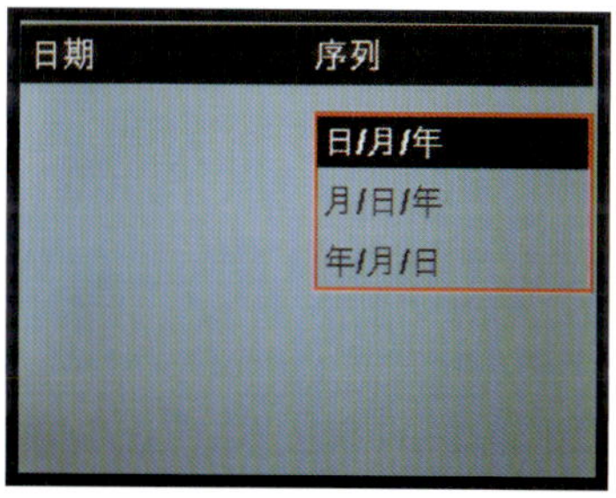

▲ 可以有三种显示方式

▲ 设定年份、月份和日子。可使用方向键或快速转盘调校。

时间

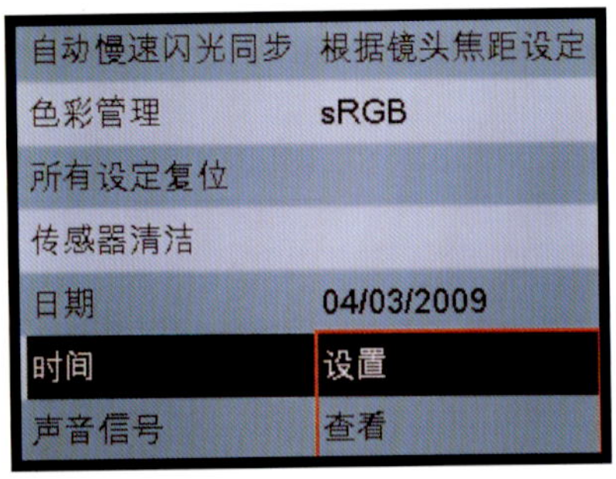

作记录照片的拍摄时间之用，并可设定12或24小时的显示。

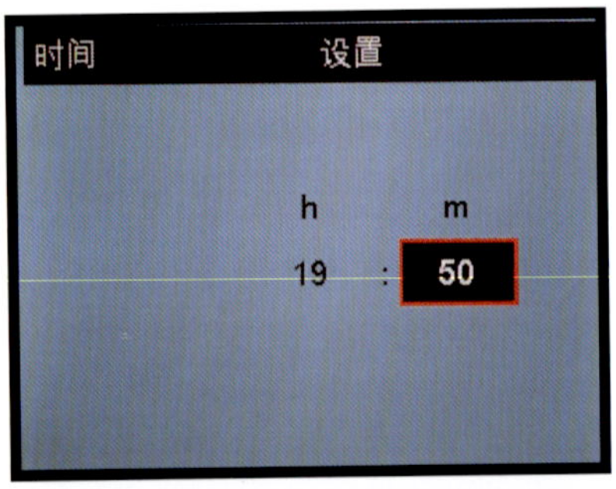

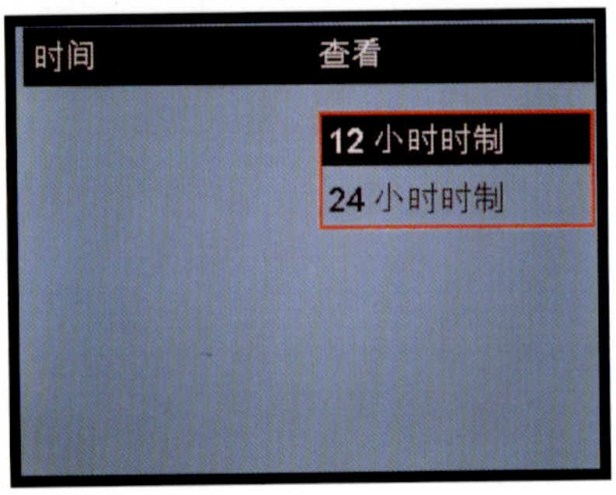

▲ 显示的时制。

Language语言

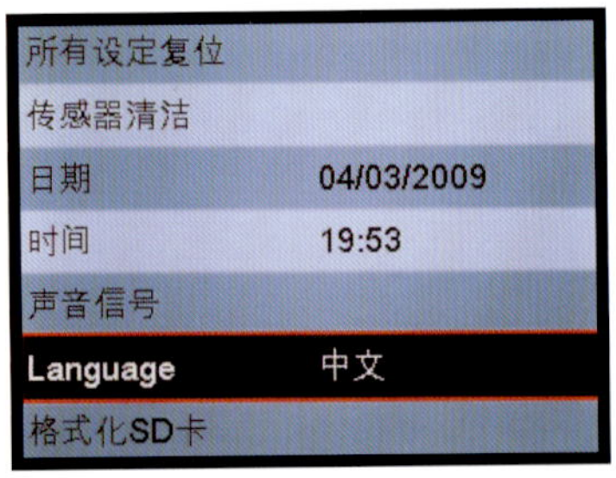

相机出厂的设定为英语显示，但用家还是可从另外6种语言中选择，包括德语、法语、西班牙语、意大利语、日本语和中文，而中文则以简体中文作显示。

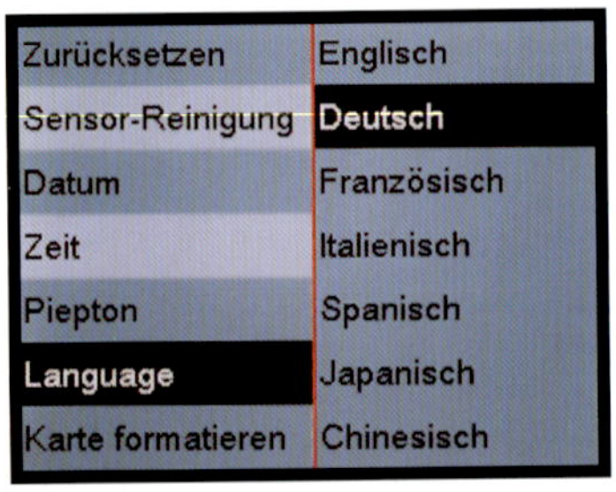

▲ 共有7种语言显示。

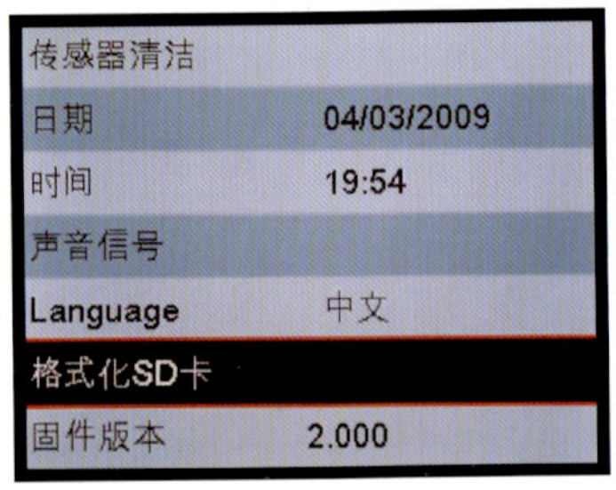

格式化SD卡

▲ 若记忆卡的锁掣锁上，相机会显示。

此选项是用于把记忆卡进行格式化，当已确定记忆卡中的影像已下载，那便可把它作格式化，以便再使用拍摄。但留意记忆卡要没有上锁，否则便不能格式化。建议每次重新拍摄时，插入SD卡最好先格式化一次。

声音信号

Leica的M以宁静的操作而驰名，但数码科技已有，用家就按自己的需要而决定是否让相机在按键时发出声音，而亦可选择SD卡已满时发出声音讯号，以提示自己。若是一些不想被人发现的拍摄场合，当然是关上为妙。

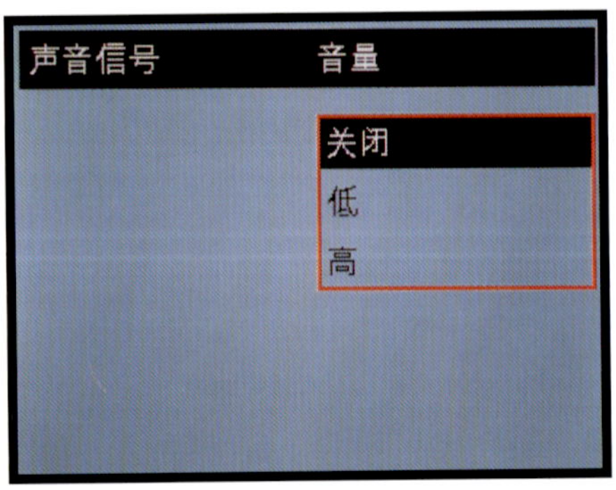

▲ 声音的音量有高低的选择。

固件版本

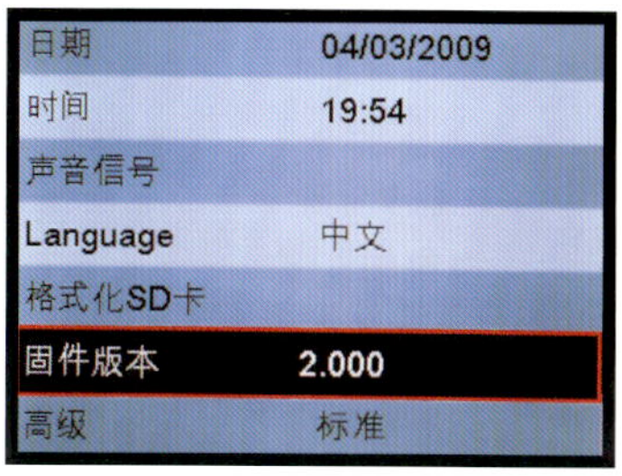

固件的英语即Firmware，亦即相机的韧体，在右边显示的数字就是相机正使用的韧体版本。很多时相机有一些功能更新或修正都是透过载入新版本的韧体而做到，就好像M8和M8.2要支援新的M镜头时，便要通过更新新版本的韧体来达到。用家可以经常留意Leica的网站最新公布，看看有否新的韧体推出，在安装前要在此选单项目中检查一下正使用的韧体版本，然后才确是否需要安装或所安装的版本是否适当。

注意：
· 更新固件要在电池量充足时进行
· 更新固件中途切勿关机或打开底盖
· 固件一旦更新后，不能回复至之前的版本

更新固件版本的例子

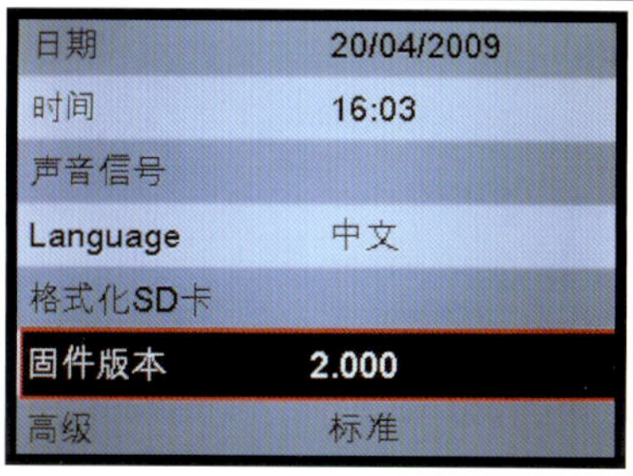

1 原先的版本是2.000。

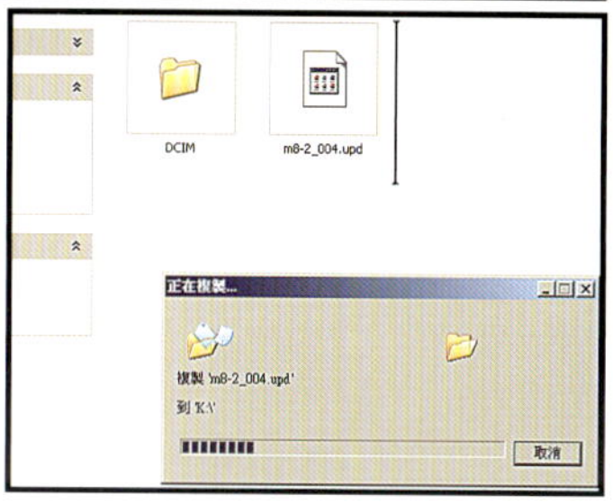

2 把新版本的固件抄写到SD卡中（从Leica网站下载）。

3 开启相机后，自动提问须否至新的2.004版本。

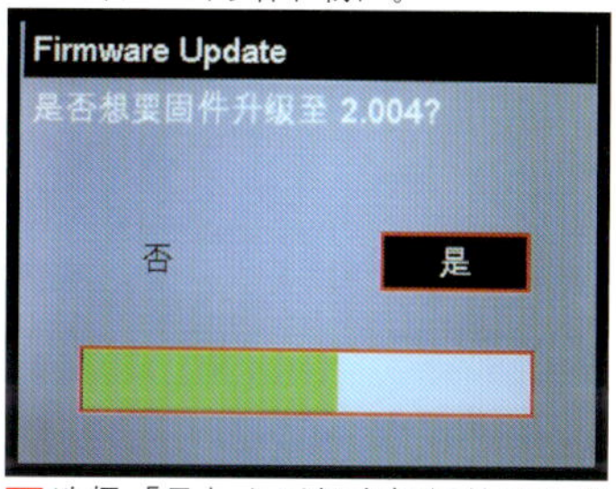

4 选择「是」之后便会把新的固件载入相机中。

5 更新完成，相机提示要重新开机。

6 按「MENU」再查看固件版本，已换成2.004。

高级（宁静模式）

由于M8和M8.2都秉承M系那种流畅、宁静和低调的拍摄方式，但要改用电子纵走式的快门，又有高速的快门规格的同时，又怎能做到呢？第一当然是采用本身已十分稳定和宁静的微型处理器控制金属帘刀型纵走式焦平快门，第二是加入一个宁静模式。这模式下，当保持按着快门释放按钮，就算快门已释放，只要不放手，快门是不会再上弦的，故只有打开快门一下的咔嗒声，直至松开手指，才会有上弦那一下声音，即是说，若拍摄一张不想惹别人注意的照片时，就在他面前悄悄按下快门，稍离开或转换位置时才松手，那便会有一系列的声音，相对地拍摄的那一刻声音较少，减少对主体的干扰。这种模式对纪实或摄影记者很有用。

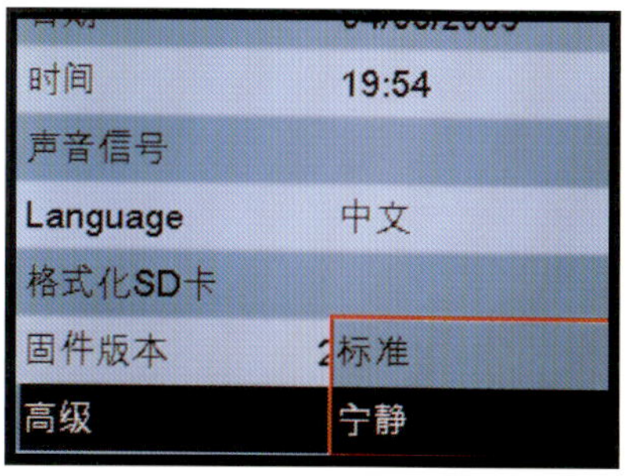

▲ 在宁静模式下，全按快门释放按钮拍摄后，只要保持手指按下不放，快门是暂不上弦的，减少了那一连串的声响，对主体的干扰便更少。

注意：M8需要更新固件至版本2.004便有「高级」的选项，也可使用这种宁静模式。

[SET]照片设定选单

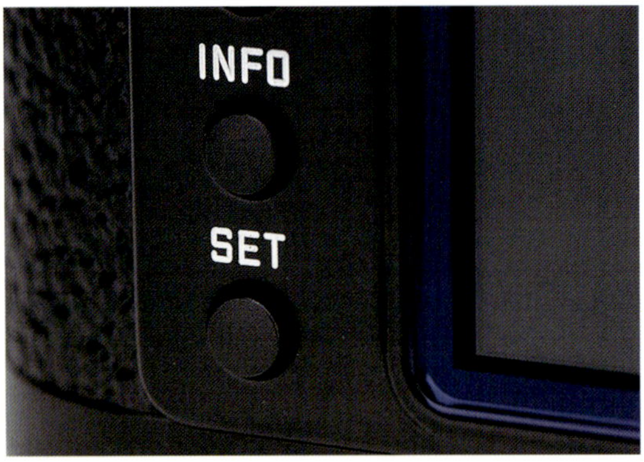

正如本章开头所指，Leica锐意把M系的直接和快速的Range Finder相机操作方式带到这部数码化的M8/M8.2上，所以在相机的选单和按键上作出了安排，一方面注重相机的外表不要太浮夸，保留一贯简约的风格，但另一方面又要将数码摄影多元化和繁复的设定选项不缺不漏地罗致其中，这肯定是做到了！除了前部份所介绍的主选单，只要按相机左下的「SET」设定按钮，便会打开一个设定拍摄照片最常要修改和改变的选项的选单，利用右方拇指可灵活操作的快速转盘和方向键，令这些调校可以在分秒之间完成，绝不妨碍拍摄。

各感光度的讯噪表现

ISO 160（平均讯噪：0.51%）

ISO 320（平均讯噪：0.65%）

ISO 640（平均讯噪：0.88%）

ISO 1250（平均讯噪：1.36%）

ISO 2500（平均讯噪：2.29%）

▶ Leica十分重视M8和M8.2要秉承M系相机那种直觉式的简便操作，透过配合2.5　大型LCD屏，以及后方的简约按键来达到。而用家只要按一下「SET」按钮，便能调校主要的照片设定。

感光度

可直接改变所使用的感光度，包括可选择AUTO ISO自动感光度。至于手动选择共有5级，由ISO 160到ISO 2500，可以每级的选择。M8和M8.2与一般流行的单镜反光相机不同，感光度本身已由ISO 160开始，是属较高的，可见都是为低光拍摄而设。然而，ISO值愈高，相片会出现的讯噪会增加，若追求画质的话，宜使用 ISO 160–640之间，若以拍到照片为主的话，那便可从中选择，甚至索性用自动ISO，而在主选单「ISO自动设定」中亦可限制最高的ISO。

感光度	AUTO ISO
曝光补偿	160
白平衡	320
压缩格式	640
分辨率	1250
用户个人设定	2500

曝光补偿

因为M8和M8.2是一部有自动曝光的M系相机，所以亦应有曝光补偿功能，但相机机身要保持简洁，所以把曝光补偿功能的设定载入「SET」键的选单中就最好了。在这个项目下，用家可以进行−3EV到+3EV的调校，而且是每1/3级调校。

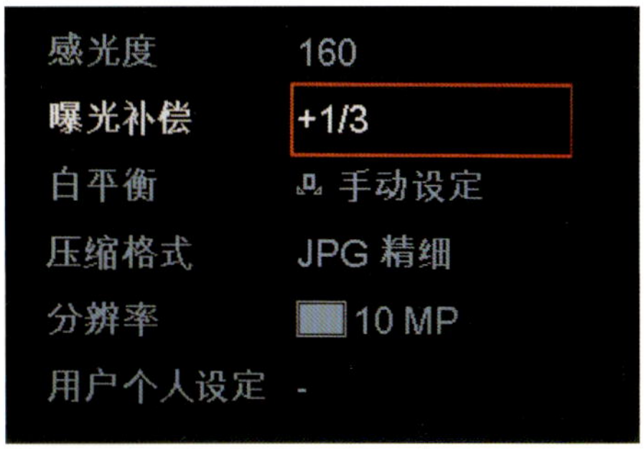

▲ 当相机在A模式时使用了曝光补偿后，在里面的LED跳字显示下方会有红点，以提示摄影师曝光经过修正。

分辨率

M8/M8.2是一部1000万像素的相机，但仍是可以调校不同的解像度，相机共有4种选择如下。建议用家不是什么特别原因，最好不要选用较低的解像度，以免之后后悔，宁大莫小，之后还可以用电脑裁切缩小，若刚开始就用细小的解像，那便返不回头。

1MP	100万像素（1312x872像素）
2.5MP	250万像素（1968x1312像素）
6MP	600万像素（2952x1968像素）
10MP	1000万像素（3936x2624像素）

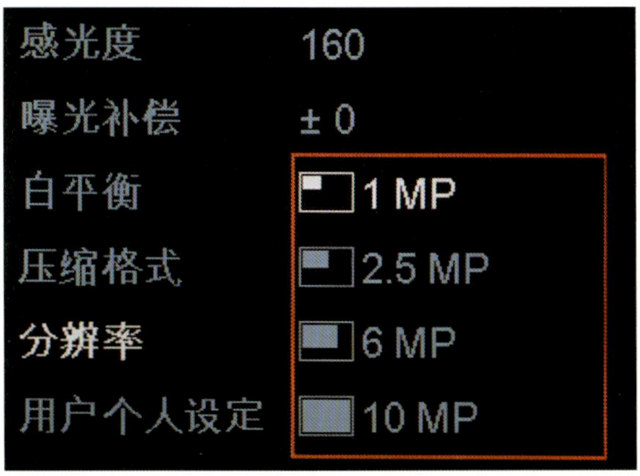

压缩格式

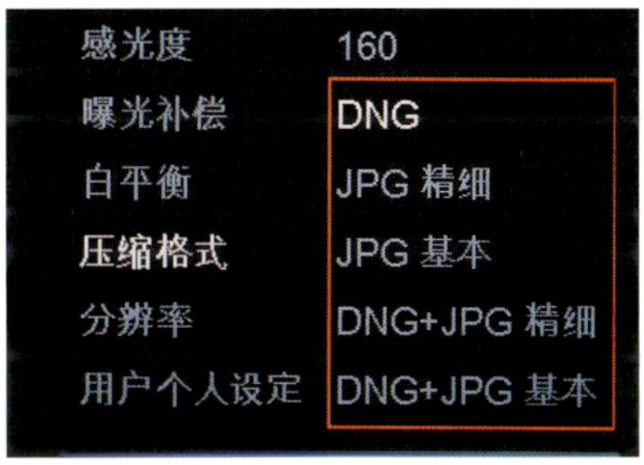

其实这正是选择画质和档案格式项目，一共有5种选择。而JPEG本身共有两种压缩度选择，分别有连DNG和不连DNG选择。DNG即是M8/M8.2的RAW格式，而DNG是Adobe开发的RAW，所以可以用于Photoshop，而Leica M8/M8.2拍摄的DNG也可用Capture One 软件处理。而DNG格式就一定是1000万像素，只有JPEG档的解像(分辨率)才可更改。建议用家使用JPG精细的格式，因为JPEG档是经压缩的档案，所以在后期处理时会较易受损，故宜使用最佳的格式。

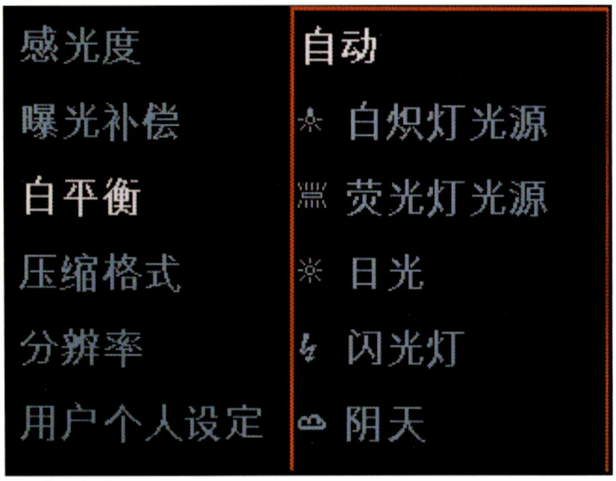

自动	大部份情况可使用，当使用相容的TTL闪光灯，亦会自动设定准确的色温。
白炽灯光源	主要用于室内灯泡暖调的光源。
荧光灯光源	主要用于室内的荧光管的光源。
日光	用于户外阳光照射下的情况。
闪光灯	适合闪灯拍摄时使用。
阴天	户外多云的阴天情况下使用。
阴影	于户外一些遮阴位置下使用。
手动设定	可手动设定，适合所有光源。
色温值设定	可用色温数值设定。

白平衡

一共有9种设定，其中「色温值设定」可以由2000到13100K每100K仔细调校。在数码年代，白色平衡带来极大的方便，不用再像以往受菲林的色温限制，随时都可转换，但这也成为不少初级影友的陷阱，例如他们常用自动白色平衡，由于一些颜色比较单一的主体很易会令相机「误会」，反而会出现色温严重偏差的情况，建议可用手动的设定，又或者索性用日光，这就等于以往我们主要用的Daylight日光型菲林一样。

用户个人设定

用家对相机作出的各种设定可以记录成不同的个人设定，相机可共贮存3组，贮存可以主选单来进行。若要召出已贮存的设定，可以按「SET」按钮快速打开，随时按需要使用。

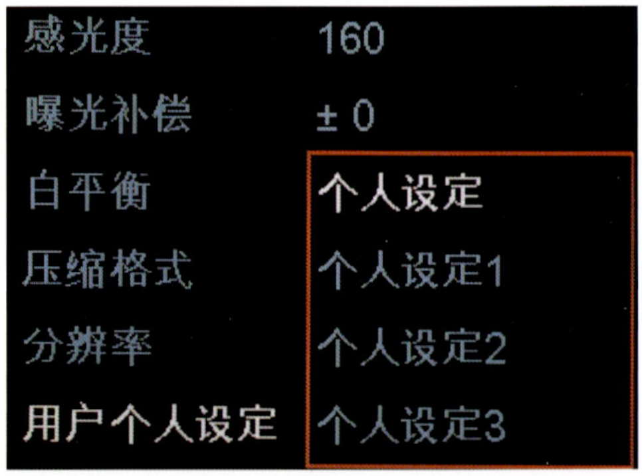

[PLAY]播放照片选单

在机背按「PLAY」播放按钮可以重看所拍的照片，而在播放模式下，M8/M8.2仍然提供多张排列的浏览方式，使用「INFO」按钮可以看到更多照片的资料，以便摄影师对照片的曝光、仔细度作出取舍，从而决定须否重拍，这几乎已是数码摄影必然的工作流程，Leica亦替用家设想周到了！当然，用家还可使用「DELETE」按钮进行删除或「PROTECT」按钮进行保证，用家会感到方便又称心。

▲ 转动快速转盘可从单页显示转为4格或9格显示。

显示更多资料

在播放模式下，按「INFO」资料按钮，便可以把多种照片的资料同时显示。在资料显示模式下，同样可以放大看，若在主选单的「色阶分布图」选项中设定了「有溢出提示」，凡是照片曝光过度的高光位置会有红色色块的显示。

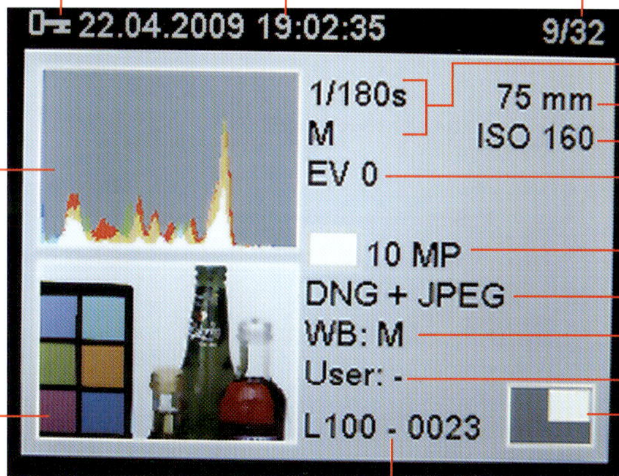

放大显示

在全页显示照片下，可扭动方向键下的快速转盘，以把照片放大和缩小，向右转即放大，共有4级的放大，最大时为100%放大，摄影师可利用此仔细检视照片的焦点位置是否清晰。而M8/M8.2的LCD显示屏在100%放大时，理应是每点显示影像的每个像素，这能更确保摄影掌握照片的仔细度。

▲ 使用快速转盘可以放大 和缩小照片。

删除保护

在播放照片模式下，摄影师可随时逐张照片或全部照片进行删除保护，保护了的照片可避免在执行删除时意外删掉。当设定了受保护的照片，其实仍可以选择消除保护的，亦可以逐一或全部进行。

删除照片

可以快速地逐一或全部删除照片，这有效把不需要的照片删除，以腾出记忆卡更多空间。但要小心不要删错照片，所以用家可用「PROTECT」钮先把不想删掉的照片作保护，那删除时便不会意外删掉。

▲ LEICA TRI-ELMAR-M 16-18-21mm f/4 ASPH., ISO 160, f/8, 1/500s

徕卡十四支
顶级镜头测试

Leica在摄影界享负盛名，除了因为Leica推出了极其精巧的M系列相机，还因为Leica拥有摄影界公认的卓越质量镜头。

当相机提供了快速稳定的操作时，镜头就保证了高质量的相片。早在Leica相机还在研发时，Leica已经在制造不同的光学产品，因此早在Leica相机诞生前，其镜头已经成为了经典，并且迅速奠定了Leica的地位。我们这次会详细测试14支顶级的Leica镜头，其中包括了很多经典之作，例如Elmarit-M 28mm f/2.8 ASPH、APO-Telyt-M 135mm f/3.4 ASPH，它们是Leica镜头的代表！另外还有几支新推出的优质镜头，例如全是f/2.5光圈的Sumarit系列，它们是全新数码年代的作品。而最重要的是，我们测试了几支难得一见的Leica镜头，包括Noctilux 50mm f/0.95 ASPH、Super-Elmar-M 18mm f/3.8 ASPH.和Leica Summilux-M 21mm f/1.4 ASPH，这些绝对是经典中的经典，是Leica镜头的里程碑。

实用轻巧的镜头

▲ ISO 160, f/2.5, 1/20s

LEICA SUMMARIT-M 35mm f/2.5

▲ 以重量和体积来评论，这支35mm镜头其实非常轻巧。

主要特点

镜头轻便易用，是入门用家的首选。

其6片镜片结构，承继传统Leica的设计。

只要收小一点光圈，即能获得最佳锐利度。

安装在M8.2上面时，焦距约45.5mm。

整支镜头采用金属制造，但镜身只重200g。

这支35mm镜头属于Leica推出的SUMMARIT-M系列之一，它和其他三支同系列镜头一样，以轻巧易用和简单方便为卖点，整支镜头沿用了传统和经典的Leica光学设计，同时采用6-bit接环，让镜头和M8.2更为匹配，其焦距在LEICA M8.2上相当于45.5mm，接近传统标准镜。

轻便易用的镜头

这支35mm镜头很有特色，它让用家有了高质量的入门选择，它采用6片组镜片结构，这是经典的Leica光学设计，最近对焦距离大约0.8m，放大率约20.4。镜头接环有6-bit数码触点，让镜头数据加在EXIF中，并对提升影像质量有帮助，证明这支镜头已经随着数码发展，将Leica的光学技术和现代数码科技融合为一。

如果对Leica熟悉的朋友，应该知道这系列Summarit-M的镜身数字与字母，都采用了上世纪60年代的传统字体，而镜头接环的红点也保持了当年的颜色，让镜头充满传统味道。整支镜头以金属制造，确保在不同环境拍摄仍坚固耐用。此镜用在菲林相机上，能保持35mm焦距，而在LEICA M8.2上，则相当于45.5mm，正适合拍摄各类照片。

有水准的影像表现

和最顶级的Leica镜头比较，这支35mm f/2.5不算最高质量之选，但它仍然是Leica的M系列镜头，所以镜头的影像水准还是很有表现。看其解像度，在开尽光圈时，相片中央保持锐利，如果收小一点光圈，就连边缘部分都变得清晰。

而镜头的变形和四角失光都保持低水平，如果正常拍摄，应该不会发现明显的变形和四角失光，当配合顶级的LEICA M8.2相机，变形和四角失光将会更加低，简直难以察觉，也不会影响相片质量。

如果说这支镜头最吸引之处，还是它的轻巧，全支镜头只是200g，适合随身携带，既然它取得了体积和质量的平衡，就更适合那些Leica的入门用家。

▲ 这支镜头轻便的特色，令它更受用家喜爱。

▲ 这支镜头的焦距很实用，配合LEICA M8.2能应用在不同拍摄场合。

▶ 为了更加配合LEICA M8.2，此镜使用了6-bit接环，配搭LEICA M8.2一流。

镜头结构

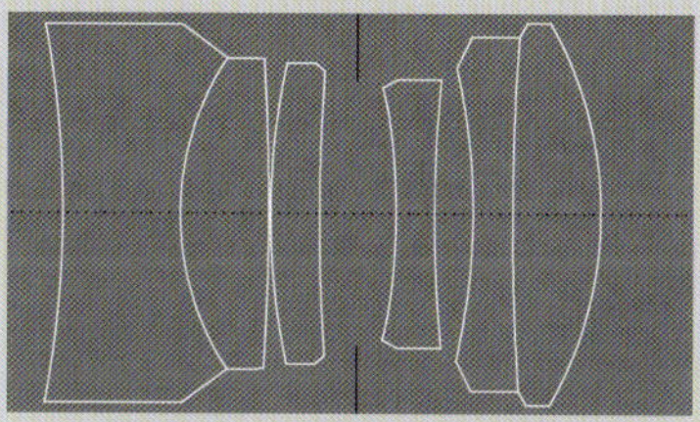

镜头变形测试

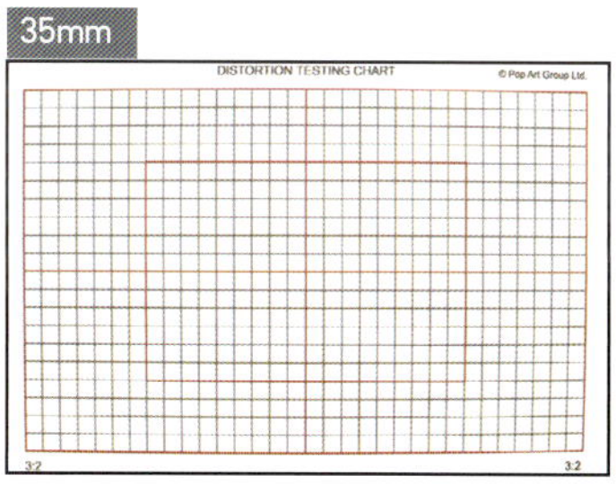

▲ 测试结果：广角焦距水平差异1.27%、垂直差异1.15%

测试评论：桶状变形情况轻微

四角失光测试

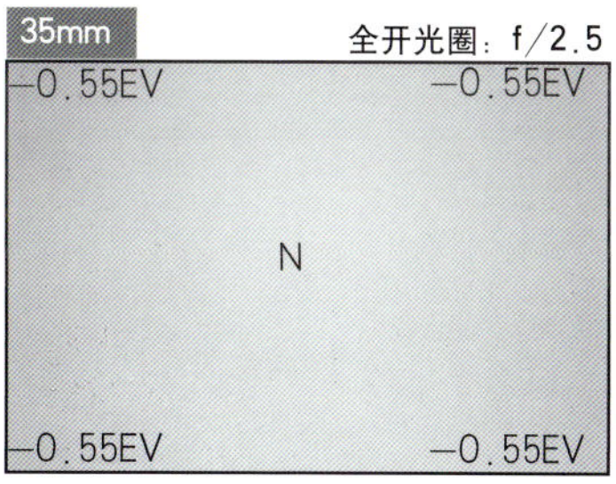

▲ 测试结果：-0.55EV

测试评论：四角失光轻微

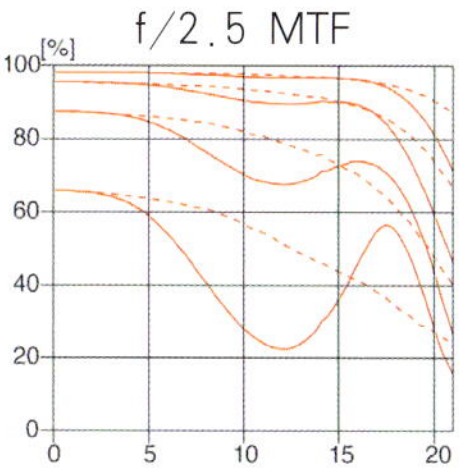

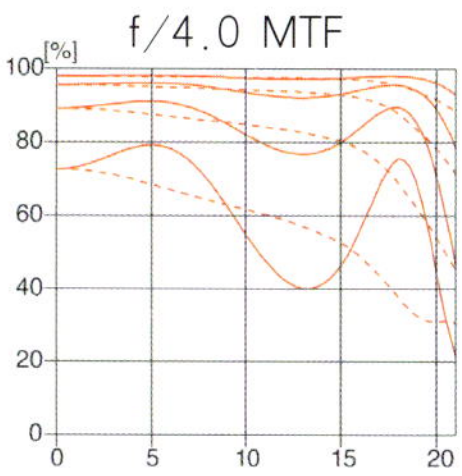

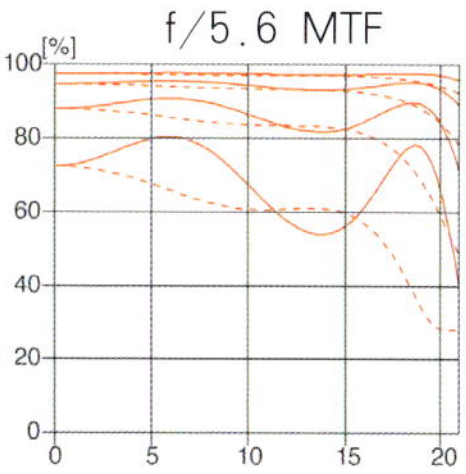

规格表

焦距	35mm（45.5mm配合M8.2）
视角	对角63°、水平54°、垂直38°（配合35mm菲林） 对角50°、水平42°、垂直29°（配合M8.2）
镜头结构	6片4组
对焦距离	0.8m至无限远
对焦显示	包含米/尺指示
放大率	约1:20.4
最大光圈	f/2.5
最小光圈	f/16
光圈叶	9片
镜头接环	6-bit LEICA M接环
滤镜	E39
滤镜直径	39mm
遮光罩	外接式遮光罩
体积	约51.4mm（直径）x33.9mm（长度）
重量	约220g

轻便的高质量标准镜

▲ ISO 160，f/2.5，1/180s

LEICA SUMMARIT-M 50mm f/2.5

这支SUMMARIT-M系列的标准镜头，和同系列其他镜头一样采用f/2.5光圈，镜头的特色是保持轻便设计，同时具备高质量影像，由于其视角接近人眼，所以一直很受用家喜欢，就算使用在LEICA M8.2上，焦距变成约65mm，并没有影响它的实用性。而这支镜头的光学质量还是相当高，其6片4组的传统光学结构，让影像保持锐利。

主要特点

采用6枚镜片结构，保持传统光学质量。

f/2.5最大光圈保持影像质量锐利清晰。

比同焦距的Leica镜头更为细小轻便。

当使用在M8.2上面，焦距相当于65mm。

镜头采用6-bit接环，完全和M8.2配合。

▲ 此镜头和其他同系列镜头一样，保持轻便易用的特色。

有特色的镜头

轻便、实用、操作简单和影像锐利可以概括这支50mm镜头的特色。此镜头的光学设计很精简，6片4组的镜片结构，保持了最佳的光学质量。这种光学结构是改良自Leica过去的优良设计，因此这支镜头不但没有失去Leica的光彩，反而得到了最佳的承传。

整支镜头相当小巧，它采用f/2.5光圈，体积比同焦距的大光圈镜头细小，这对很多用家来说，正适合随身携带，比大光圈镜头更加方便。由于50mm这个焦距很接近人眼所见，广受用家欢迎，而现在我们配搭LEICA M8.2，镜头的焦距变成65mm左右，保持中距离镜头的实用性。

大光圈也有质量

这支50mm镜头的特性是采用了传统的光学设计，所以镜头的锐利度很有表现，其最大光圈时，镜头中央和边缘的锐利度没有明显分别，如果收小光圈到f/5.6，镜头的锐利度表现最好，影像清晰精细。同时f/5.6光圈时，已经没有明显的四角失光现象。

和其他Leica镜头一样，这支镜头变形非常低，证明这支镜头的影像很有表现。作为Leica的入门镜头，这支50mm一点也没有失去Leica的色彩，影像还是很有水准。

整体来说，这支镜头配搭其他3支同系列镜头，可以拥有齐全的焦距，正好用在LEICA M8.2上面，这对很多初接触Leica系统的用家来说，是很好的选择。

◀ 镜尾使用了6-bit接环，和数码化的M8.2完全配合。

镜头变形测试

50mm

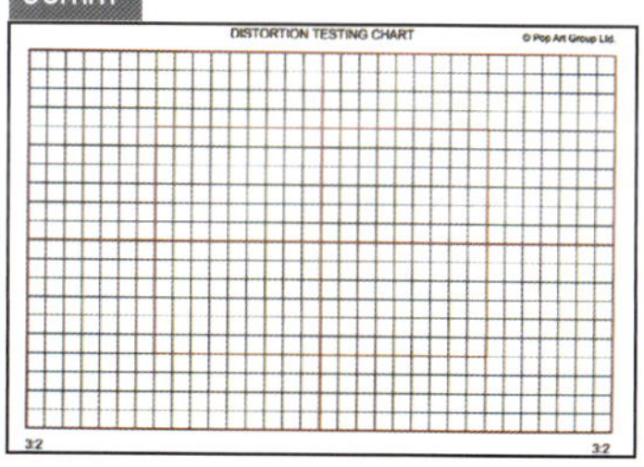

▲ 测试结果：广角焦距水平差异0.22%、垂直差异0.12%

测试评论：桶状变形情况极轻微

四角失光测试

50mm 全开光圈：f/2.5

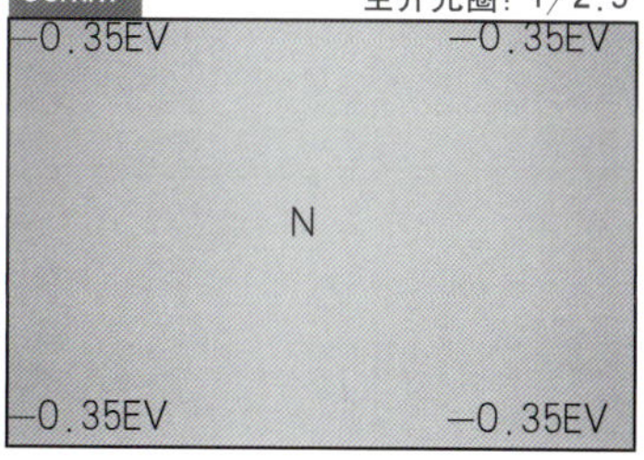

▲ 测试结果：-0.35EV

测试评论：四角失光轻微

f/2.5 MTF

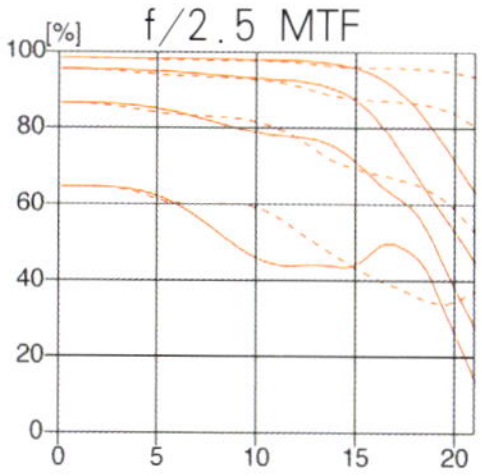

f/4 MTF

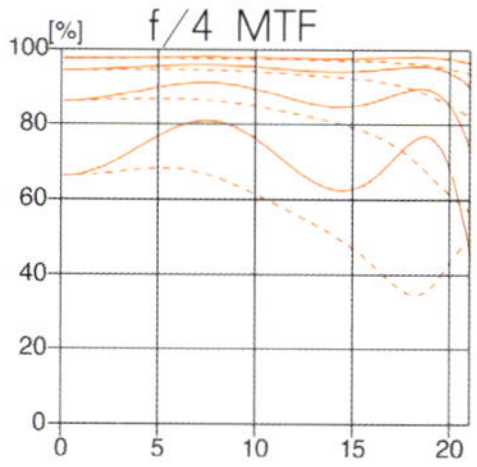

f/5.6 MTF

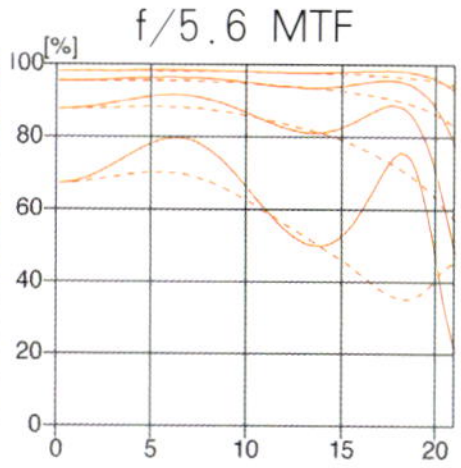

▲ 这支镜头保持高质量，影像锐利。

▲ 此镜头采用6枚镜片结构，保持最传统和高质量影像。

镜头结构

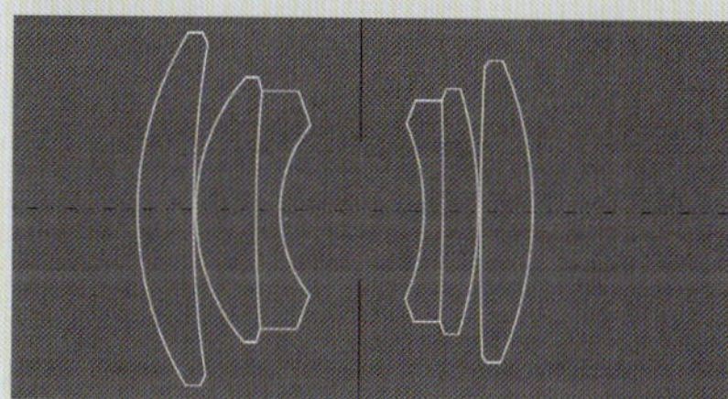

规格表

焦距	50mm（65mm配合M8.2）
视角	对角47°、水平40°、垂直27°（配合35mm菲林） 对角36°、水平30°、垂直20°（配合M8.2）
镜头结构	6片4组
对焦距离	0.8m至无限远
对焦显示	包含米/尺指示
放大率	约1:14.1
最大光圈	f/2.5
最小光圈	f/16
光圈叶	9片
镜头接环	6-bit LEICA M接环
滤镜	E39
滤镜直径	39mm
遮光罩	外接式遮光罩
体积	约51.5mm（直径）x33.0mm（长度）
重量	约230g

轻便易用的高质量中距离镜头

▲ ISO 320，f/2.5，1/90s

LEICA SUMMARIT—M 75mm f/2.5

主要特点

镜头细小轻便，简单易用，适合长时间携带拍摄。

75mm中距离镜头，用在M8.2相当于100mm焦距。

在最大f/2.5光圈也有高质素的影像锐利度。

镜头保持高水准工艺，全金属镜身坚固耐用。

最近对焦距离0.9m，让拍摄更方便。

▲ 此支75mm镜头的特色是细小轻便，很适合长时间携带镜头拍摄的用家。

Leica为了让用家有更多优质镜头选择，推出了这个轻巧易用的SUMMARIT系列镜头，其中这支75mm镜头是其中的中短焦距好选择。这支镜头可谓专为LEICA M8.2而设，镜头采用高质量玻璃，优质的多层涂膜，精确的制作手艺，加上镜头的f/2.5大光圈，即使在低光拍摄，快门仍保持高速。同时镜头保持高质量的影像水准，拍摄的相片清晰，变形和四角失光都非常低。

轻便易用的镜头

这支LEICA SUMMARIT—M 75mm f/2.5不但小巧，而且轻盈，它的重量比同焦距的Leica镜头更加轻，方便携带，同时保持了高质量的镜头制作工艺，全金属的镜身，流畅的对焦环，配备6—bit的接环，正好配合LEICA M8.2使用。

此镜头采用了f/2.5大光圈，当我们在低光环境使用时，仍然保持高速的快门，让我们拍摄更轻松。而这支镜头可以使用E46 UV/IR滤镜，其75mm焦距非常实用，拍摄风景、人物都很适合，如果配合LEICA M8.2，焦距则当于100mm。

由于这支镜头轻便易用，对那些经常携带相机，随时随地拍摄的用家，是很好用的镜头，如果配合全套四支的SUMMARIT系列，则全面涵盖不同焦距。除了镜头设计出色之外，它配搭了高质量遮光罩，让镜头减少入光情况，让影像清晰。

保持高质量影像

此镜在最大光圈f/2.5时，解像度已经很有表现，色彩层次变化丰富，如果使用在LEICA M8.2上面，镜头边缘的极轻微锐利度变化也完全不影响相片质量，让整张相片都清晰锐利。如果我们将镜头的光圈收小至f/5.6，锐利度会更加高，影像最为细致。

这支镜头基本没有出现明显的变形情况，令它拍摄的影像保持最高的真实度，非常适合用作人像拍摄，也证明这支镜头绝对不是随意之作，而是保持了Leica的高质水准。

至于镜头的四角失光情况，也是非常轻微，即使在最大f/2.5光圈，也没有出现明显的四角失光，如果将光圈收小一点，到f/5.6光圈，其四角失光则接近完全消失。

▶ 镜头的影像质量保持Leica水准，当我们采用大光圈f/2.5拍摄时，影像也有一定锐利度。

镜头变形测试

75mm

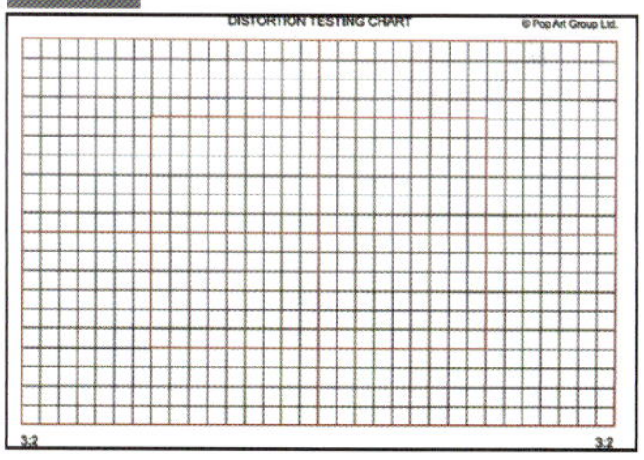

▲ 测试结果：广角焦距水平差异0.031%、垂直差异0.12%

测试评论：枕状变形情况极轻微

四角失光测试

75mm　全开光圈：f/2.5

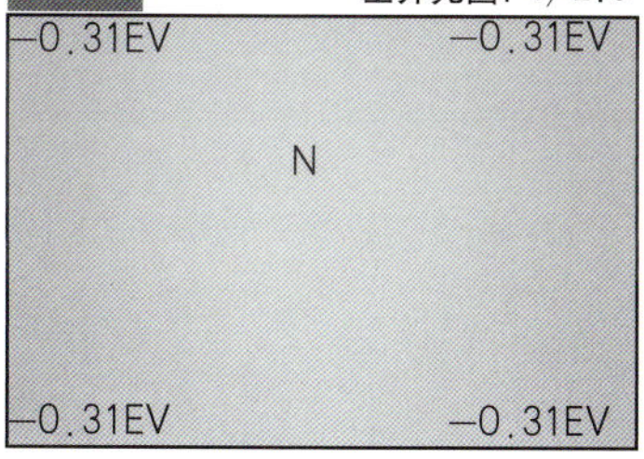

▲ 测试结果：—0.31EV

测试评论：四角失光轻微

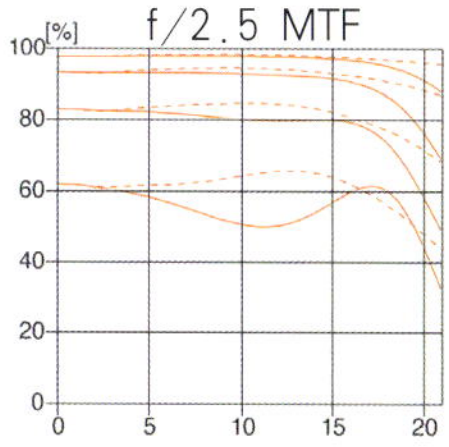

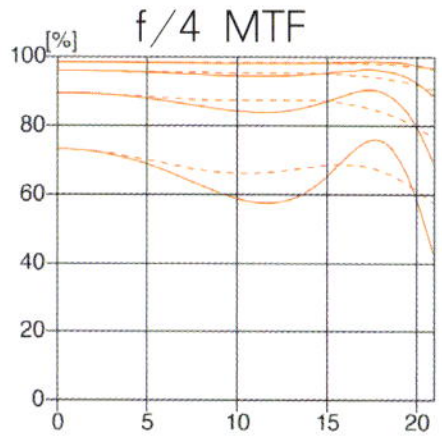

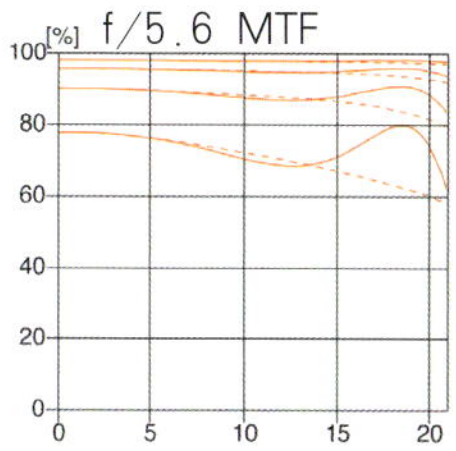

▲ 镜头的多片镜片加入优质涂膜，减少内反射。

▲ 这支镜头配合LEICA M8.2时，焦距相当于100mm，也适合很多拍摄题材。

镜头结构

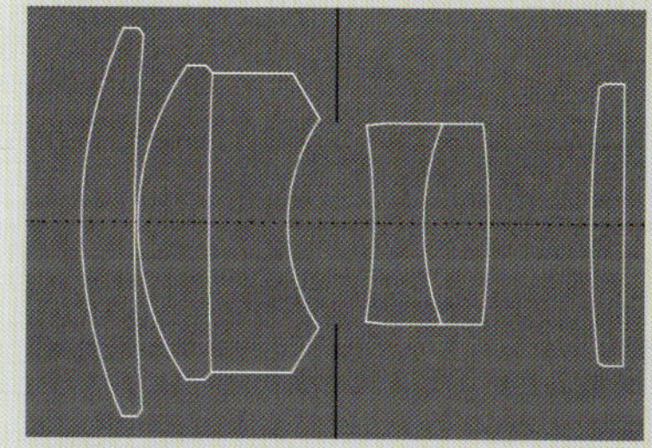

规格表

焦距	75mm（100mm配合M8.2）
视角	对角32°、水平27°、垂直18°（配合35mm菲林） 对角24.4°、水平20.4°、垂直13.7°（配合M8.2）
镜头结构	6片4组
对焦距离	0.9m至无限远
对焦显示	包含米/尺指示
放大率	约1:9.9
最大光圈	f/2.5
最小光圈	f/16
光圈叶	11片
镜头接环	6—bit LEICA M接环
滤镜	E46
滤镜直径	46mm
遮光罩	螺丝旋入式遮光罩
体积	约55mm（直径）x60.5mm（长度）
重量	约345g

小巧的中距镜头

▲ ISO 320, f/2.5, 1/125s

LEICA SUMMARIT–M 90mm f/2.5

▲ 此支镜头采用5片4组镜片结构，保持了高质量的光学表现。

主要特点

镜头具备6–bit接环，能完全配合M8.2使用。

此镜有f/2.5最大光圈，开尽光圈也有水准。

当此镜装在M8.2上面，焦距相当于117mm。

采用5片4组镜片，承继Leica传统设计。

全镜头采用金属制造，同时保持轻便小巧。

在Summarit系列之中，这支90mm是最长焦距一支，它具有很好的光学质量，即使全开光圈，镜头的解像度也非常高，锐利度很有表现，即使我们不收小光圈，也可以获得理想的影像质量。同时这支镜头采用f/2.5光圈，所以比大光圈的90mm镜头细小一点。

镜头设计轻便

这支90mm镜头采用了5片4组镜片结构，这也是传统的光学设计，令影像保持锐利度。整支镜头完全和数码相机LEICA M8.2匹配，镜头采用6-bit接环，可以将镜头资料传到相机上，确保拍摄的相片有最高质量。而整支镜头采用金属制造，坚固耐用，同时比同焦距的Leica镜头小巧。

而90mm是很好用的中距离镜头，很适合拍摄风景、人像等，而用在LEICA M8.2上面，即相当于117mm。这支镜头可以采用外置遮光罩，保持镜头不易入光。而镜头的最近对焦距离为1m，最高放大率为1:8.9。整支镜头给人轻巧实用的感觉，正秉承了这个SUMMARIT系列的特色。

◀ 虽然Leica将这支镜头定为入门镜，其实它的影像质量是非常不错。

高质量光学表现

若论镜头的光学表现，这支90mm f/2.5令人有深刻印象，它在最大光圈f/2.5时，镜头仍然保持锐利度，相片中央与边缘的锐利度接近，没有受到大光圈的严重影响，也可以说，我们就算不收小光圈，镜头的解像度也得以保证。

而镜头如果使用在菲林相机上，可能还会见到一点点四角失光，但用在LEICA M8.2上面，四角失光则非常低，我们很难察觉这对相片的影响。

如果和其他Leica镜头比较，这支镜头的变形也是极少，根本不影响影像质量，即使Leica将这支镜头定为入门级数，但它实际上是拥有Leica镜头一贯的优质表现。

镜头变形测试

90mm

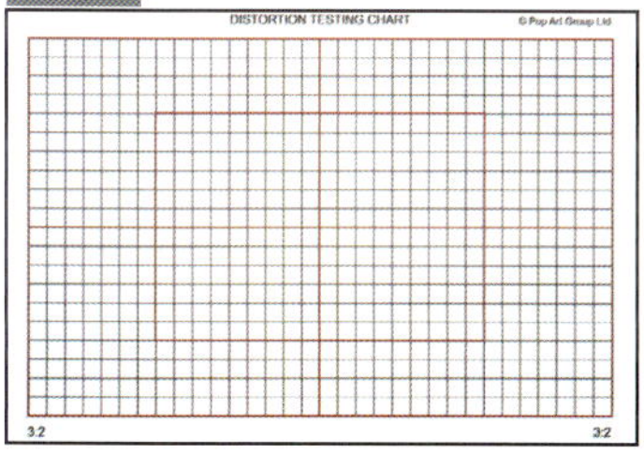

▲ 测试结果：广角焦距水平差异0.01%、垂直差异0.04%

测试评论：枕状变形情况极轻微

四角失光测试

90mm　全开光圈：f/2.5

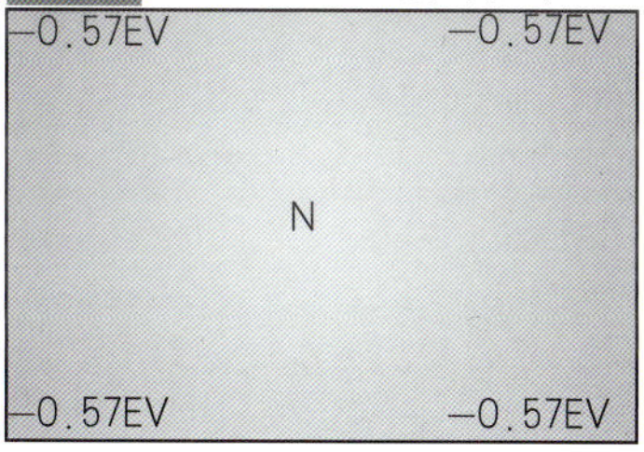

▲ 测试结果：-0.57EV

测试评论：四角失光轻微

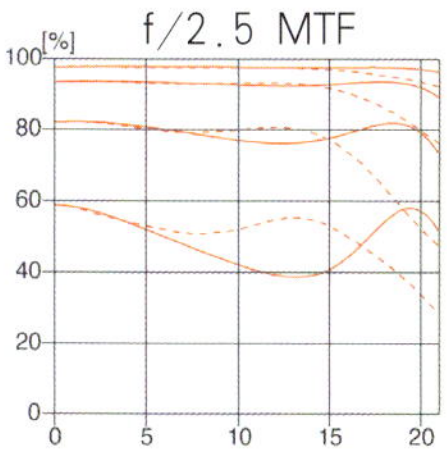

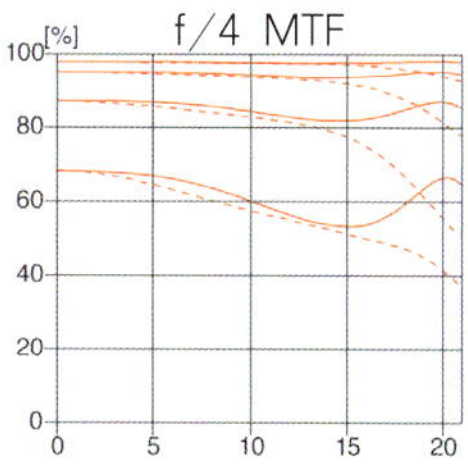

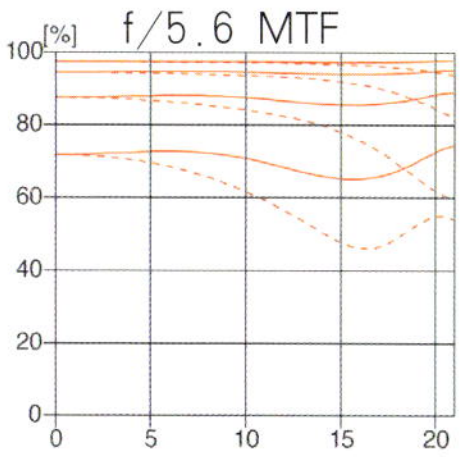

▲ 虽然此支是Leica入门级镜头，但影像表现仍十分出色。

▲ 此支90mm和其他3支同系列镜头一样，已经完全数码化了，和LEICA M8.2配搭完全没有问题。

镜头结构

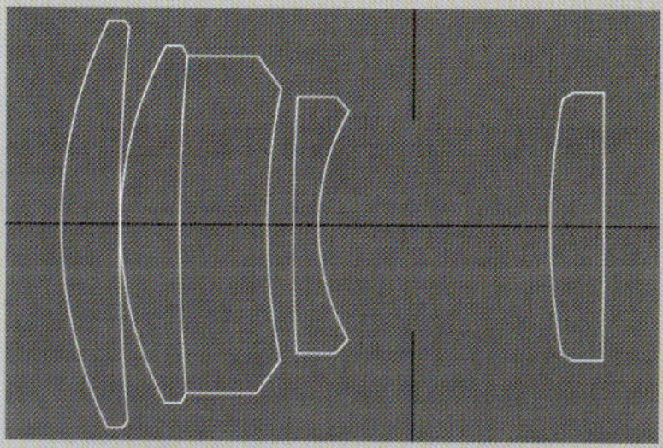

规格表

焦距	90mm（117mm配合M8.2）
视角	对角27°、水平22.6°、垂直15.2°（配合135mm菲林） 对角20.4°、水平17.1°、垂直11.4°（配合M8.2）
镜头结构	5片4组
对焦距离	1m至无限远
对焦显示	包含米/尺指示
放大率	约1:8.9
最大光圈	f/2.5
最小光圈	f/16
光圈叶	11片
镜头接环	6-bit LEICA M接环
滤镜	E46
滤镜直径	46mm
遮光罩	螺丝旋入式遮光罩
体积	约55mm（直径）x66.5mm（长度）
重量	约360g

令人惊喜的高质超广角镜头

▲ ISO 160，f/3.8，1/1500s

LEICA SUPER-ELMAR-M 18mm f/3.8 ASPH.

▲ 这支高质量的18mm镜头，镜身设计精巧，造工一流，是难得的高质量镜头。

主要特点

- 18mm超广角镜头，用在M8.2上仍有24mm焦距。
- 在f/3.8全开光圈时，具有超凡的锐利度。
- 镜头造工一流，全金属制造，保持轻便小巧。
- 在最大光圈时，1.2m到无限远都涵盖在景深范围内。
- 8片7组镜片设计，采用两片非球面镜片。

这支超广角的18mm镜头令人充满惊喜，它的造工一流，全金属的镜身，坚固耐用，特大的135格式100度视角，轻易拍摄超广阔的场景，将它使用在LEICA M8.2 上面，仍然保持了24mm焦距。它的超高影像质量，确保用家开尽f/3.8大光圈，镜头仍然保持最佳解像度，甚至让人惊叹的是，这支镜头在最大光圈的时候，镜头锐利度是所有光圈中最高的。

极为精细的镜头构造

当我们拿起这支制造精细的Leica镜头时，我们确实感到Leica制作工艺的精细，这支镜头以全金属制造，保持坚固耐用，而且镜头显得轻巧细小，没有因为超广角焦距就过份沉重。针对M8.2使用时，这支镜头可以使用全新设计的18mmUV/IR滤镜，确保影像质量。

对焦环转动时顺滑流畅，配合为这支镜头特别设计的18mm外置观景器，取景对焦更清楚准确。这个18mm外置观景器本身也是设计精细的工具，里面有明亮的框线，配合M8.2使用时，可以用新增的较细小线框，让取景更准确。另外，这个取景器采用多层涂膜技术，适合在不同环境使用。

其18mm焦距使用在M8.2上，仍保持了24mm焦距，适合拍摄多种主题，例如新闻摄影、风景摄影、建筑摄影等。而镜头采用9片光圈叶，造成圆形的通光口径。

最大光圈影像锐利

这支镜头最大光圈是f/3.8，在全开光圈时，镜头仍然有细致的对比度，而且锐利度惊人，甚至比起收小光圈，开尽光圈也有保持足够的锐利度，影像非常清晰细致。当使用f/3.8光圈时，我们距离景物3米，镜头的景深由1.2m到无限远，焦点位置保持最佳的锐利度，并同时拥有最佳的浅景深。

而且镜头四角失光并不明显，虽然这支是18mm的超广角镜头，但是我们开尽光圈也没有发现明显的四角失光现象，如果收小一级光圈，那镜头的失光会更加轻微，这对我们拍摄广角景物特别有用。

虽然这支是超广角镜头，但是其变形程度很低，基本没有发现明显的变形情况，完全不像一支超广角镜头的表现，更接近标准镜头，证明这支镜头的设计非常仔细，让变形控制到最低程度。

▶ 此支18mm镜头专用的取景器。

▲ 难怪Leica被誉为广角镜的能手，此支镜头尽展地位。

▲ 镜头的影像质量非常高，在最大f/3.8光圈时，镜头的锐利度极高，甚至比收小光圈更加锐利。

镜头结构　　非球面

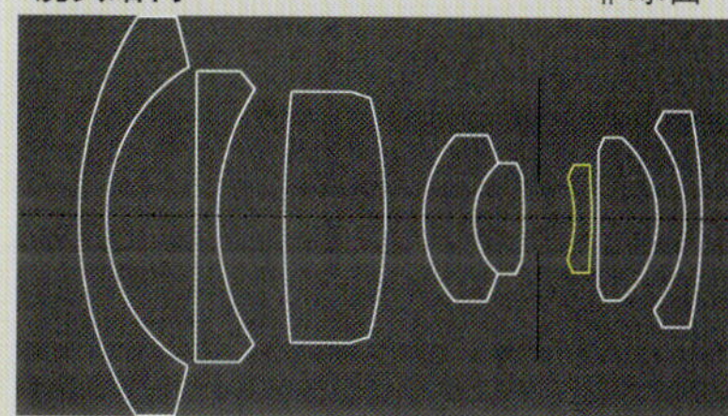

镜头变形测试

90mm

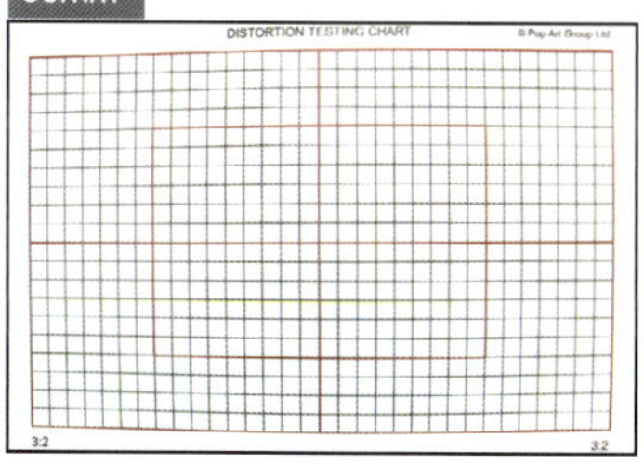

▲ 测试结果：广角焦距水平差异0.43%、垂直差异1.48%

测试评论：桶状变形情况不明显

四角失光测试

90mm　　全开光圈：f/3.8

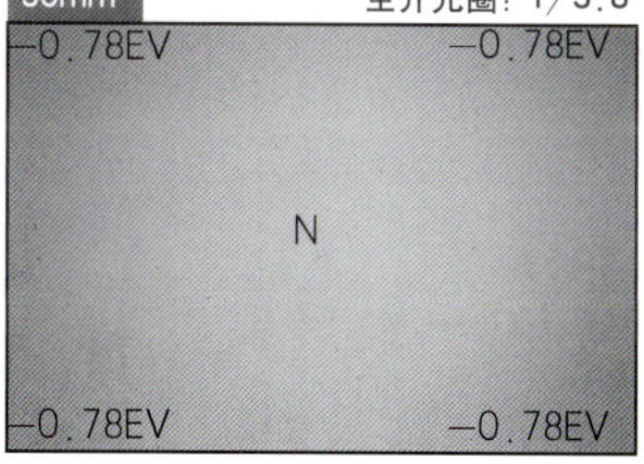

▲ 测试结果：–0.78EV

测试评论：四角失光轻微

f/3.8 MTF

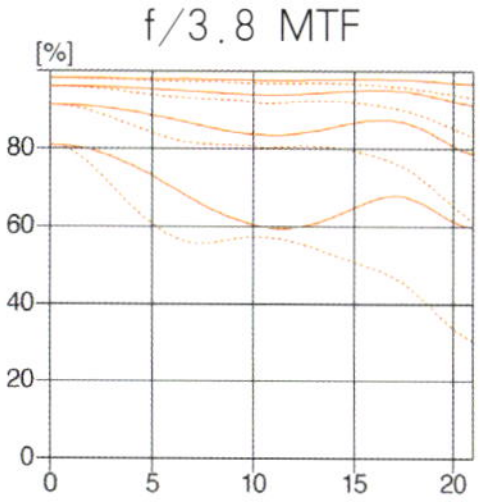

f/5.6 MTF

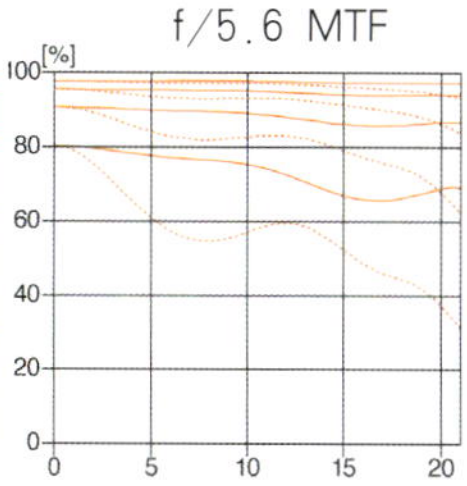

f/8 MTF

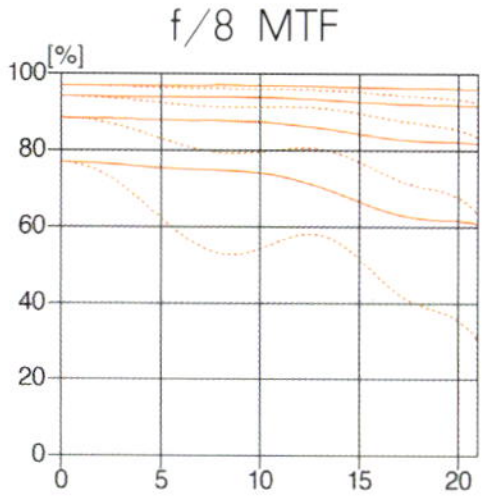

规格表

焦距	18mm（24mm配合M8.2）
视角	对角100°、水平90°、垂直67°（配合35mm菲林） 对角84°、水平74°、垂直53°（配合M8.2）
镜头结构	8片7组
对焦距离	0.7m至无限远
对焦显示	包含米/尺指示
放大率	约1:34.6
最大光圈	f/3.8
最小光圈	f/16
光圈叶	9片
镜头接环	6-bit LEICA M接环
滤镜	18mmUV/IR
遮光罩	18mm专用遮光罩
观景器	18mm专用外置光景器
体积	约61mm（直径）x48.8mm（长度） 约61mm（直径）x 57.7mm（长度）（连遮光罩）
重量	约310g

超大光圈广角镜头

▲ ISO 160，f/5.6，1/250s

LEICA SUMMARIT-M 21mm f/1.4 ASPH.

▲ 此支镜头是135系统的历史上首支拥有f/1.4大光圈的24mm镜头，成为摄影的里程碑。

主要特点

全球首支21mm f/1.4大光圈镜头。

高质量光学表现，影像锐利清晰。

采用10片8组镜片结构，包括两个非球面。

镜头四角失光轻微，变形难以察觉。

全金属制造镜身，同时保持轻便耐用。

这支21mm在Leica镜头中广受注目，它虽然没有18mm f/3.8那样超广角，但具备f/1.4大光圈，是全球第一支达到f/1.4超大光圈的21mm镜头，为摄影历史写下里程碑。它给用家提供更大光圈，宽广的焦距配合M8.2使用，仍保持27.3mm的焦距，其影像质量非常高，影像边缘锐利，四角失光控制到最低。

首支21mm超大光圈f/1.4

和很多Leica顶级镜头比较起来，这支21mm依然出色，事实上这是Leica首次在21mm上使用f/1.4超大光圈。难怪Leica被公认是制造广角镜头的能手，他们的广角镜头在摄影界独占鳌头。

这支21mm f/1.4采用了最高的光学技术，其10片镜片将锐利度提升到非凡水准。超广角焦距配合特大光圈，发挥了镜头科技的极致，让我们近距离拍摄时，能够让背景有效朦化，以突出主体。即使用在M8.2上面，这支镜头仍有27.3mm，很适合拍摄风景、写实和体育摄影。而镜头的大光圈确保在低光环境拍摄仍有足够快门，配合M8.2的轻盈快门，让手持拍摄变成享受。

◀ 此镜具有高超的光学技术，采用了两个非球面，让影像锐利清晰。

极高的影像质量

这支镜头为了提升影像质量，采用了2个非球面，其特色是玻璃的光谱范围更高，让影像锐利度得到最大的提升。即使最大光圈时，其影像还是相当锐利，清晰细致，如果我们收小一些光圈到f/2.8，镜头的锐利度更会大幅提升，出类拔萃。

这支镜头的变形非常低，即使我们近距离拍摄，镜头都不会出现明显变形，这在21mm镜头来说，绝对是超高的光学表现，令人惊叹不已。同时四角失光也控制得很好，如果收小一点光圈到f/2.8，四角失光已经难以察觉，当使用在M8 2上面，四角失光变得更为轻微。整支镜头令摄影师充满信心，其高超的影像质量，确保相片有最好表现。

镜头变形测试

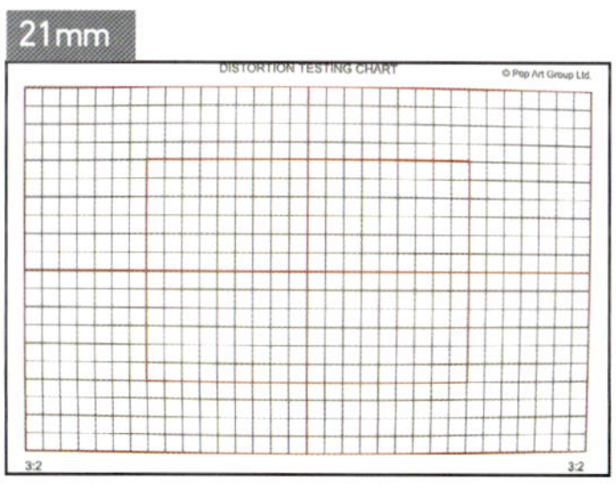

▲ 测试结果：广角焦距水平差异2.02%、垂直差异0.56%

测试评论：桶状变形情况可察

四角失光测试

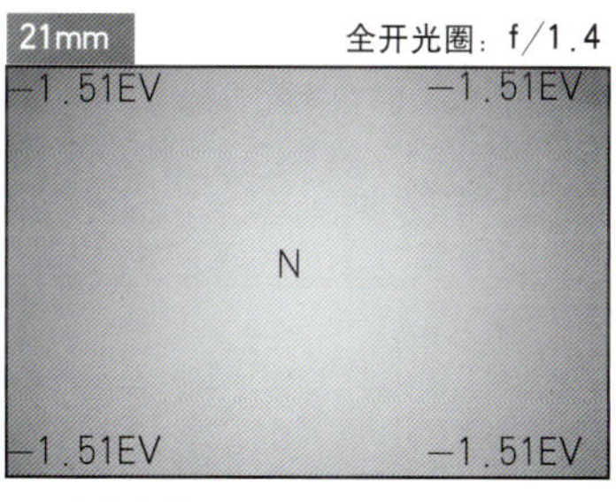

▲ 测试结果：−1.51EV

测试评论：四角失光可察

f/1.4 MTF

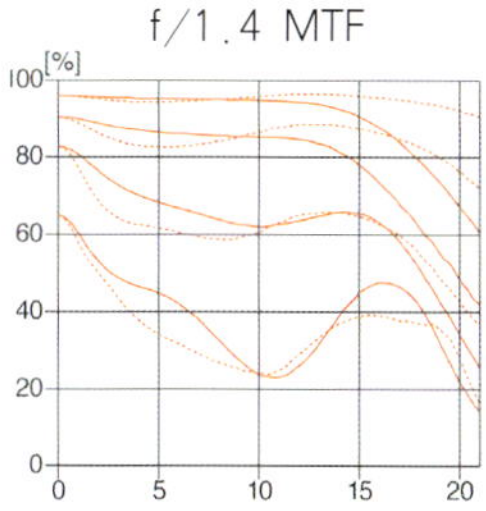

f/2.8 MTF

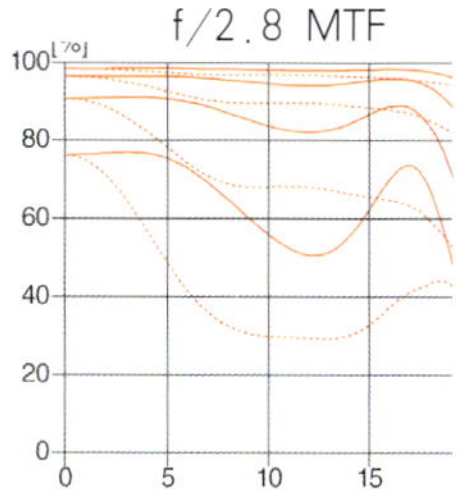

f/5.6 MTF

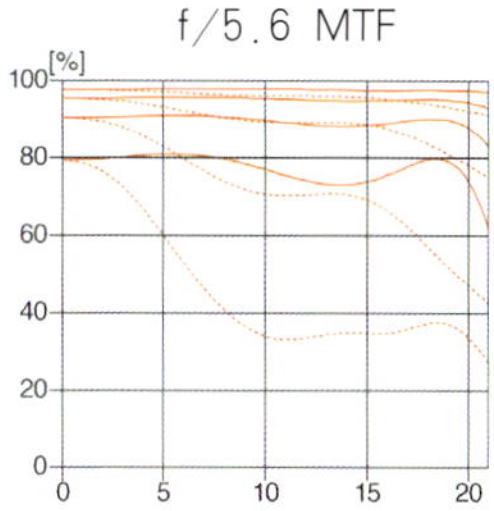

▲ 此镜采用11片光圈叶，令通光口径更圆。

▲ 当配合LEICA M8.2时，这支镜头仍然具有27.3mm焦距，影像质量更为提升。

镜头结构　　非球面

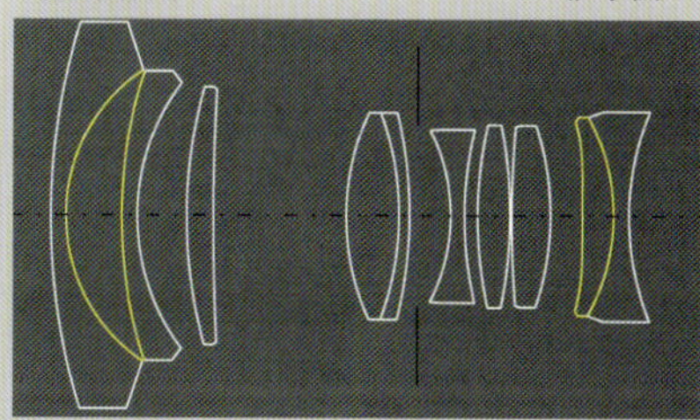

规格表

焦距	21mm（27.3mm配合M8.2）
视角	对角92°、水平81°、垂直59°（配合35mm菲林）
镜头结构	10片8组
对焦距离	0.7m至无限远
对焦显示	包含米/尺指示
放大率	约1:29
最大光圈	f/1.4
最小光圈	f/16
光圈叶	11片
镜头接环	6-bit LEICA M接环
滤镜	S8
滤镜直径	82mm
遮光罩	外接式螺丝方形遮光罩
体积	约69.5mm（直径）x66mm（长度） 约69.5mm（直径）x77mm（长度）（连遮光罩）
重量	约580g

超高质量广角镜皇

▲ ISO 160, f/2.8, 1/30s

LEICA SUMMILUX-M 24mm f/1.4 ASPH.

▲ 这支24mm f/1.4是Leica的顶级之作，采用了先进的镜头设计。

主要特点

采用10片8组镜片设计，包括1个非球面。

具备超大的f/1.4光圈，有效朦化背景。

24mm超广角镜头，在M8.2上相当于31.2mm。

具备浮动镜片设计，增加近距对焦准确性。

高质量影像，拍摄的相片清晰锐利。

在众多高质量的Leica镜头中，这支24mm可谓顶级之选，它具有超大f/1.4光圈，锐利的影像质量。这支镜头和同是SUMMILUX系列的21mm f/1.4相映成趣，它们都是Leica最高水准的光学代表，证明Leica在摄影界不可动摇的地位，也是Leica用家的最高追求。

顶级的镜头设计

这支镜头采用先进的光学设计，10片8组的镜片结构中使用了1个非球面，这让镜头即使在最大光圈，都拥有锐利的影像，同时还有一组浮动镜片，这令镜片可以改变其相对于其他光学元件的位置，让镜头近距离拍摄保持最好的影像。这种高超的镜头设计，是SUMMILUX系列的特色，再次证明了Leica在高质广角镜头的领导位置。

这支24mm镜头是非常出色的广角镜头，它适合用来拍摄新闻摄影、建筑摄影及风景摄影等。其超大的f/1.4光圈，可以制造很浅景深，当摄影师在近距离拍摄时，就能成功朦化背景而突出主体。同时超大光圈令摄影师在低光环境能拍出清晰影像，保证有足够速度的快门。

这支镜头可以使用专门设计的遮光罩，用家可以将滤镜安装在遮光罩上，而不影响拍摄。同时整支镜头采用最好的材料，由金属镜身到光学玻璃都达到顶级水平，特别是其非球面镜片，是采用空压技术，让镜片有最好的表现。

无可挑剔的影像水准

这支镜头的光学表现一直让人称道，在使用最大光圈时，这支镜头仍表现出色，而且特大的f/1.4光圈容许我们收小一点光圈，获得更佳的锐利度，而仍然有高速快门。

虽然这支是广角镜头，但四角失光极度轻微，如果我们使用在LEICA 8.2上，四角失光将更低，更难以察觉。同时镜头变形也令人惊叹，由于Leica为矫正镜头变形付出了很多努力，因此即使镜头是24mm超广角，正常拍摄下也不会发现明显的变形状况。

整支镜头都给用家最高光学质量的享受，镜身犹如艺术品一样精美，除了保持坚固耐用之外，还能应付任何恶劣的拍摄环境，而镜头的清晰锐利影像，特大的光圈，都给了用家可靠的信心。

▲ 此镜头采用了最好的材料制作，包括了采用非球面镜片。

▲ 此镜影像质量一流，变形非常低。

▲ 当配合LEICA M8.2的时候，此镜头的锐利度将会更加高。

镜头结构　　非球面

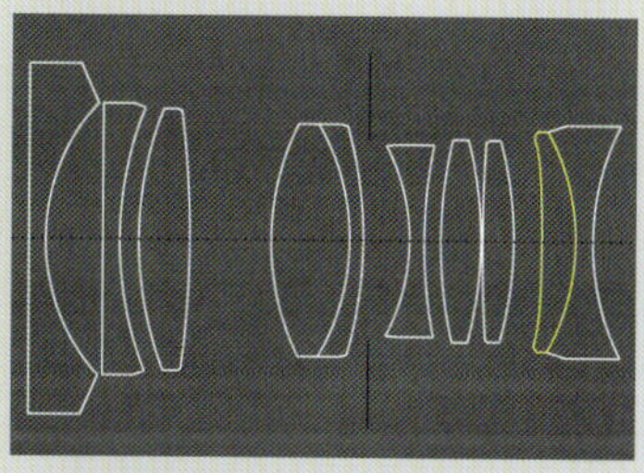

镜头变形测试

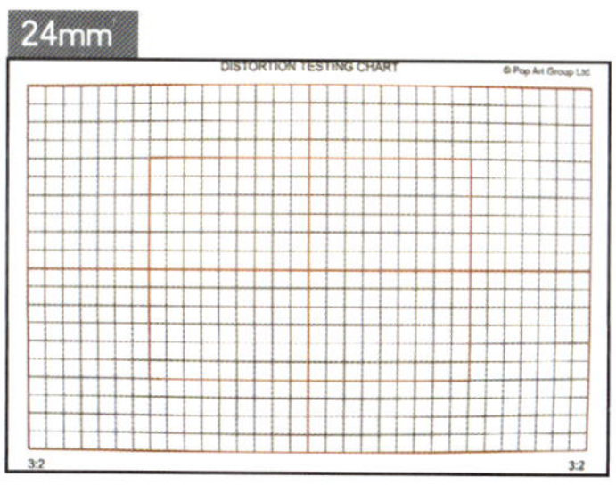

▲ 测试结果：广角焦距水平差异1.76%、垂直差异0.48%

测试评论：桶状变形情况轻微

四角失光测试

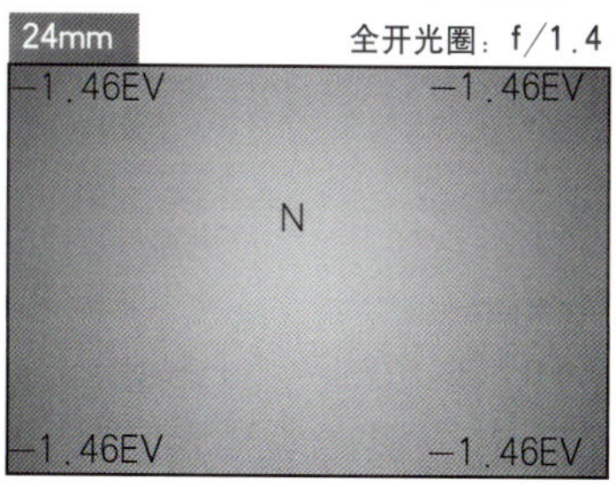

▲ 测试结果：−1.46EV

测试评论：四角失光可察

规格表

焦距	24mm（31.2mm配合M8.2）
视角	对角84°、水平74°、垂直53°（配合35mm菲林）
镜头结构	10片8组
对焦距离	0.7m至无限远
对焦显示	包含米/尺指示
放大率	约1:25
最大光圈	f/1.4
最小光圈	f/16
光圈叶	11片
镜头接环	6-bit LEICA M接环
滤镜	S2
滤镜直径	–
遮光罩	外接式遮光罩
体积	约61mm（直径）x58.5mm（长度）约61mm（直径）x 75.6mm（长度）（连遮光罩）
重量	约500g

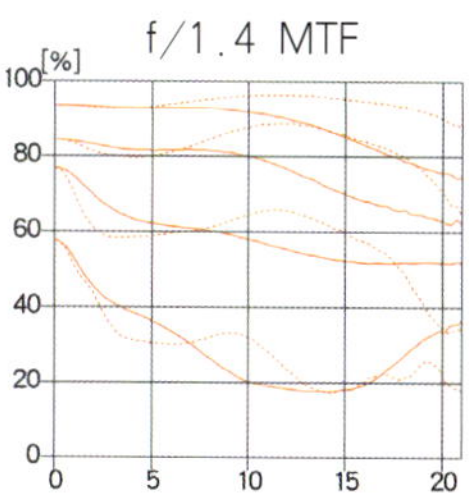

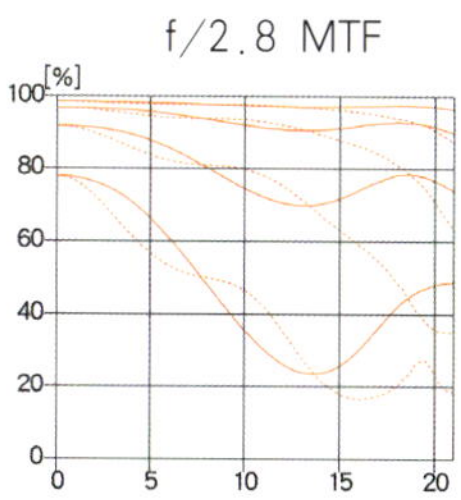

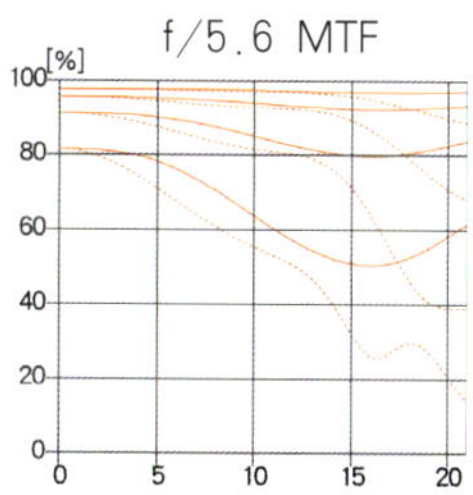

新型的轻便广角镜

▲ ISO 160，f/5.6，1/45s

LEICA ELMAR-M 24mm f/3.8 ASPH.

▲ 这支镜头实在轻便，比其他M系列镜头更令人喜爱。

主要特点

全镜只重260g，是M系列的轻便之选。
采用了8片6组镜片，包括一个非球面。
即使开尽光圈也能保持影像清晰锐利。
24mm焦距配合M8.2相当于31.2mm。
最近对焦距离达0.7m，拍摄较方便。

和其他相同焦距的Leica广角镜头不同，这支M镜头采用了f/3.8光圈，因此更加细小轻便，对很多初接触Leica系统的用家来说，这支24mm镜头非常实用，别看它的光圈比较小一点，当全开光圈，其影像质量都保持极高水准。而且这支镜头可以完全配合LEICA M8.2，其6-bit接环让镜头和相机完全匹配，而在M8.2上面，此镜的焦距相当于31.2mm，适合拍摄很多不同题材。

轻便的镜头设计

这支24mm镜头相当轻巧，全支镜头只重260g，携带轻松，而且它体积细小，不会让用家带来负担。对喜爱广角拍摄的用家来说，这支镜头是很好的入门镜，但它并没有一点影像质量的妥协，拍摄的相片非常锐利。

全支镜头采用金属制造，8片镜片里面添加了一片非球面，让广角拍摄的相片更为锐利，同时镜头的色差控制得很低，让相片保持质量。这支镜头配合LEICA M8.2也很适合，它的焦距在M8.2上面相当于31.2mm，对很多用家来说，这个接近传统35mm的焦距，能拍摄各类题材。

▲ 虽然此镜没有超大光圈，但是其f/3.8可以提供很高的锐利度。

最大光圈也有质量

这支镜头的最大特色，就是其最大光圈的影像锐利度很高，和收小光圈比较，最大光圈的锐利度和收小光圈没有重大分别，我们甚至不需要收小光圈，也能得到理想的清晰度。很多喜爱使用广角镜头的用家，都希望利用大光圈拍摄，让广角相片的背景充分朦化，以突出主体，而这支镜头就正适合用家要求，因为它开尽光圈也能得到理想的锐利度。

和其他高质量的Leica镜头一样，这支24mm虽然是广角镜头，但将变形控制得非常好，根本没有严重的变形。而四角失光方面也可以接受，虽然没有最高级Leica镜头那样的高水准，但这支镜头配合LEICA M8.2拍摄时，四角失光会大大减轻，让用家不受影响地拍摄。

总体来说，这支24mm镜头有很大的实用性，它的设计让用家轻易使用，拍摄时轻松自在，没有任何负担，即使开尽光圈也拍到清晰锐利的相片，对广角创作有优势。

镜头变形测试

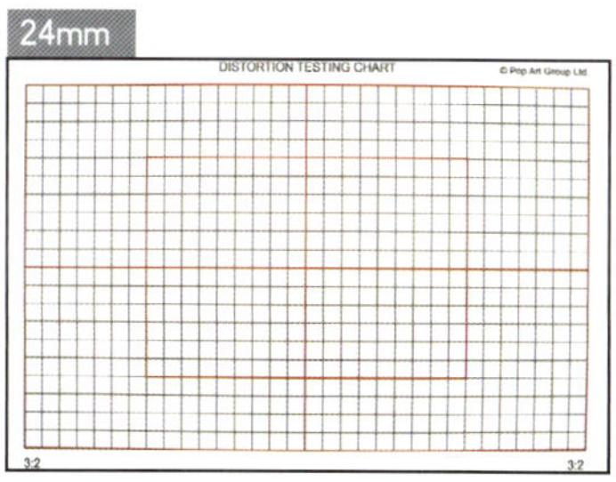

▲ 测试结果：广角焦距水平差异1.14%、垂直差异0.32%

测试评论：桶状变形情况轻微

四角失光测试

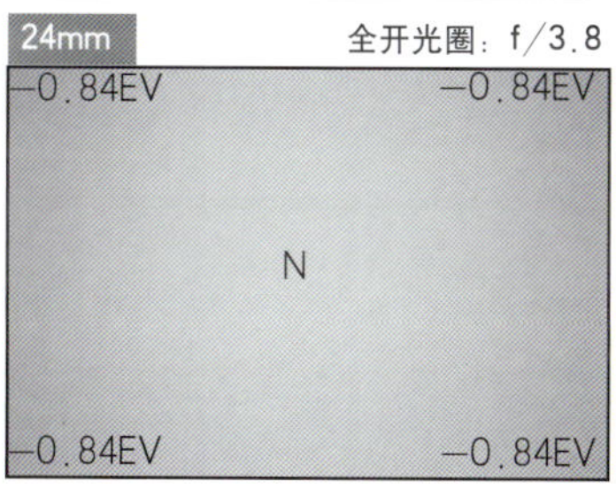

▲ 测试结果：-0.84EV

测试评论：四角失光轻微

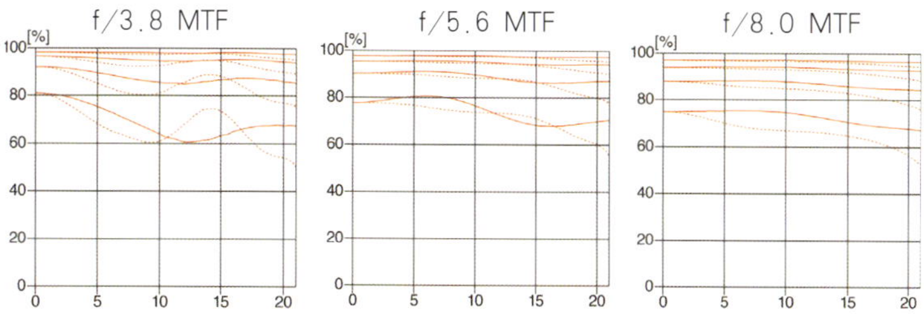

▲ 轻便易用且影像锐利是此支镜头最大优点。

▲ 此镜头采用6-bit接环，配合LEICA M8.2正好合适。

镜头结构　　非球面

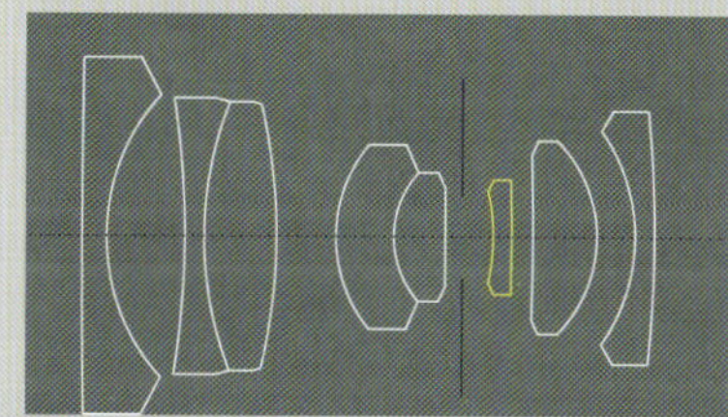

规格表

焦距	24mm（31.2mm配合M8.2）
视角	对角84°、水平74°、垂直53°（配合35mm菲林）
镜头结构	8片6组
对焦距离	0.7m至无限远
对焦显示	包含米/尺指示
放大率	约1:25.6
最大光圈	f/3.8
最小光圈	f/16
光圈叶	9片
镜头接环	6-bit LEICA M接环
滤镜	E46
滤镜直径	46mm
遮光罩	外接式遮光罩
体积	约53mm（直径）x40.6mm（长度） 约53mm（直径）x 56.6mm（长度）（连遮光罩）
重量	约260g

承继传统高质量影像水准

▲ ISO 160, f/2.8, 1/250s

LEICA ELMARIT–M 28mm f/2.8 ASPH.

▲ 此镜是传统的Leica高质量镜头，其影像锐利，细小轻便，广受用家欢迎。

主要特点

镜头轻便易用，具有f/2.8大光圈。

采用高质量涂膜，让影像质量再提升。

其8片6组的镜片结构，包含了一个非球面。

即使开尽f/2.8光圈也保持高质量影像。

采用6–bit接环，和M8.2完全配合。

这支28mm f/2.8镜头在传统Leica历史上，是非常着名的高质量产品，经过多代发展和改善，现在的ELMARITt–M 28mm f/2.8 ASPH.镜头进入了新时代，它保持Leica的优秀影像质量，添加了6–bit数码接环，和LEICA M8.2配合更加完美。

传统的光学工艺

这支28mm f/2.8镜头制作精良，是完全承继Leica传统技术的结晶，过去Leica曾推出不同版本的ELMARIT–M 28mm f/2.8镜头，曾由9片镜片结构改良为8片，镜头直径也多次修改，到现在新版本的28mm f/2.8，不但有Leica血统，而且添加了新技术，使用了6–bit接环，更能配合LEICA M8.2使用。

此镜用在LEICA M8.2上面，焦距相当于36.4mm，对很多用家来说，这是非常实用的焦距。此镜头为了提升影像质量，采用了1个非球面，增加影像清晰度。另外镜片采用了高质量涂膜，有效增强影像对比，减少耀光形成，Leica很早以前已经在重要镜片的前后同时加入涂膜，让镜片之间的内反射大大减少，这种技术早在50年代已经广泛应用在Leica的M系列镜头中。

高质量影像水准

这支镜头细小轻便，非常实用，其影像质量相当高，四角失光控制得很低，基本难以察觉，如果收小一点光圈，四角失光就几乎消失。另外，此镜头的变形轻微，这对广角镜头来说绝对难得可贵，一般的广角镜头完全不能比较。

而整支镜头的锐利度很高，在开尽光圈时，镜头中央也非常锐利，如果将镜头的光圈收小到f/8，影像锐利度更高，相片边缘和中央的解像度已经相差无几。当配合LEICA M8.2时，这支镜头的锐利度就更趋完美。

这支镜头是M系列中的优秀产品，保持镜头小巧易用和大光圈的优点，加上影像锐利，难怪会成为广受Leica用家钟爱的镜头。

▶ **经过每一代28mm f/2.8镜头的改良，现在这支28mm镜头加入了1个非球面，让镜头的光学技术更为提升。**

▲ **即使全开光圈，此镜头的影像也很锐利。**

▲ **此镜头已经完全配合LEICA M8.2，其6–bit接环，配合LEICA M8.2使用最为适合。**

镜头结构 非球面

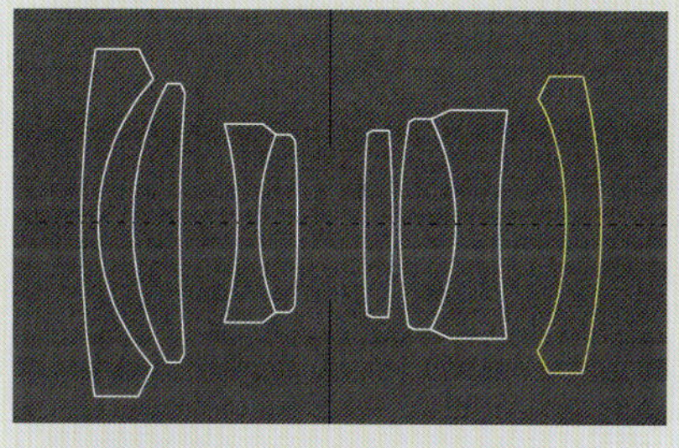

规格表

焦距	28mm（36.4mm配合M8.2）
视角	对角75°、水平65°、垂直46°（配合35mm菲林） 对角60°、水平51°、垂直36°（配合M8.2）
镜头结构	8片6组
对焦距离	0.7m至无限远
对焦显示	包含米/尺指示
放大率	约1:22
最大光圈	f/2.8
最细光圈	f/22
光圈叶	10片
镜头接环	6–bit LEICA M接环
滤镜	E39
滤镜直径	39mm
遮光罩	外接式遮光罩
体积	约52mm（直径）x30mm（长度） 约52mm（直径）x46mm（长度）（连遮光罩）
重量	约180g

镜头变形测试

28mm

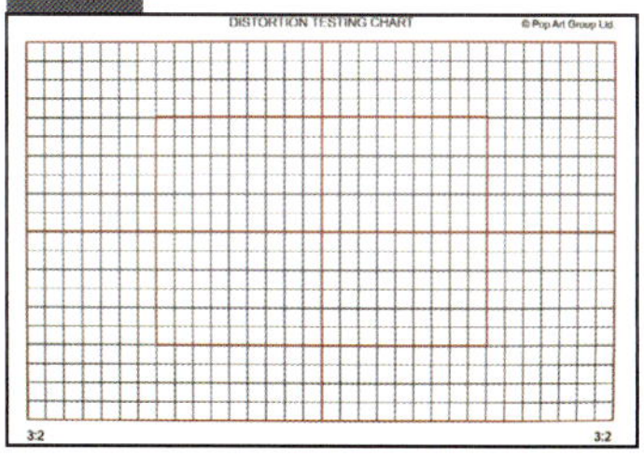

▲ 测试结果：广角焦距水平差异0.16%、垂直差异0.63%

测试评论：桶状变形情况极轻微

四角失光测试

28mm 全开光圈：f/2.8

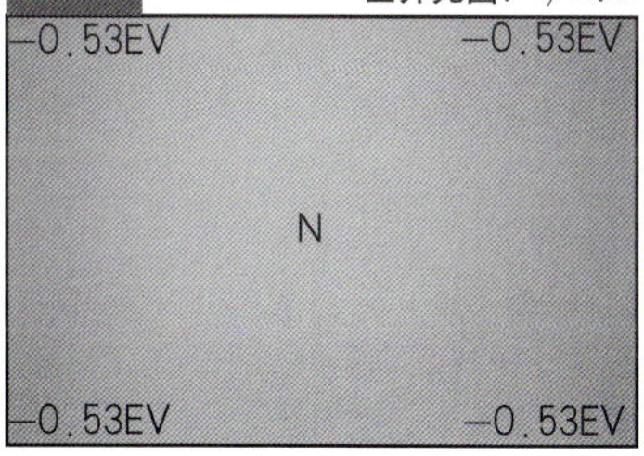

▲ 测试结果：–0.53EV

测试评论：四角失光轻微

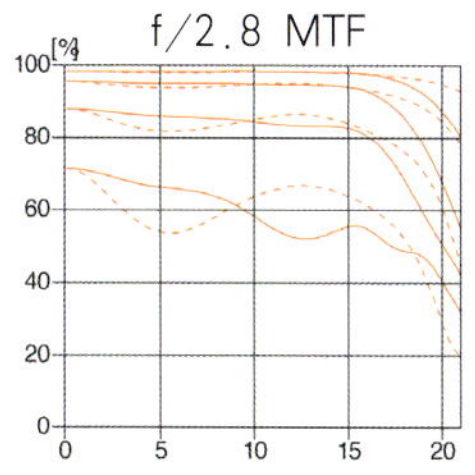

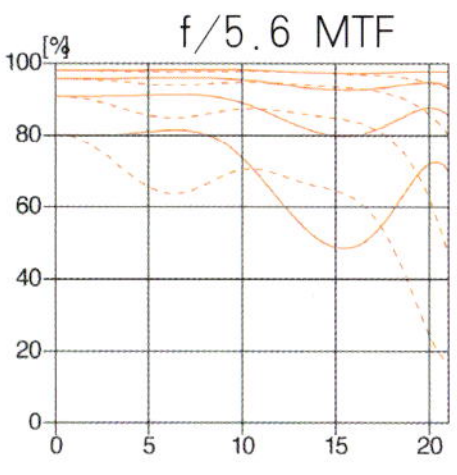

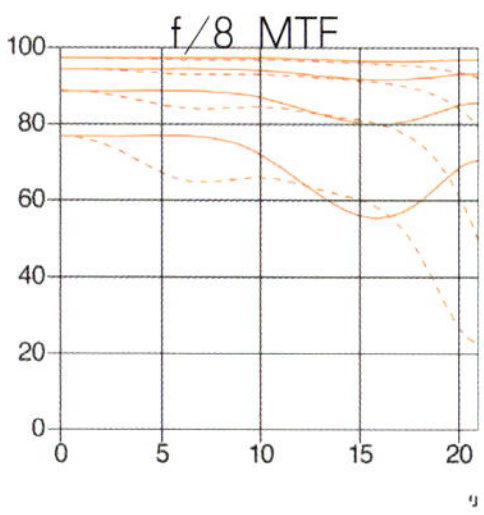

影像锐利广角镜头

▲ ISO 1250, f/2.8, 1/90s

LEICA SUMMICRON-M 28mm f/2 ASPH.

▲ 此镜头的特色是轻便易用，而且拥有大光圈，让我们随时应付不同拍摄需要。

主要特点

采用9片6组镜片，包括1片非球面镜片。
备有高达f/2光圈，产生超浅景深。
高质量影像，最大光圈也保持锐利。
备有6-bit接环，和LEICA M8.2配合。
镜头变形和四角失光控制到最低程度。

广角镜头一向是Leica的强项，这支高质量的28mm镜头也是Leica的水准之作，其镜头轻巧细小，又备有f/2特大光圈，很适合随身携带，主要应用于风景摄影、纪实摄影和新闻摄影等。为了提升影像质量，此镜采用了非球面镜片，让影像保持清晰。

高质量实用镜头

Leica曾推出很多优质的广角镜头，广受欢迎，而这支28mm f/2也是其中代表作，这支镜头不但有28mm广角焦距，而且具备f/2大光圈，在近距离拍摄时，可以造成很好的浅景深。

这支镜头在开尽光圈时，影像的锐利度也非常不错，这要感谢Leica的镜头设计师，努力改善镜头锐利度，包括在9片6组的镜片中，加入了1片非球面镜片，保持全开光圈的清晰度。

这支镜头的设计相当轻便，全支只重270g左右，体积细小，给人容易使用的感觉。整支镜头的造工不俗，金属制造，坚固结实。当将这支镜头放在LEICA M8.2上面使用时，镜头焦距相当于36.4mm，而且镜头加入了6-bit接环，可以将镜头数据加入EXIF资料中。

开尽光圈保持锐利

这支镜头在开尽光圈时，影像锐利度不错，和收小光圈比较，也没有很大差别，证明这支镜头的质量理想，拍摄的相片清晰锐利。

而镜头的四角失光已经控制得很好，如果收小一点的光圈，例如f/4或f/5.6，四角失光会大为减少，当镜头使用在LEICA M8.2上面，四角失光会更加低，绝不影响实际拍摄的质量。

作为Leica顶级水平的镜头，这支28mm f/2和其他Leica镜头一样，没有出现严重的变形情况，景物的变形很低，给摄影师很大的信心。

▶ 搭配LEICA M8.2时，这支镜头也很配合，因为其接环也采用了6-bit编码。

▲这支是Leica传统的优质镜头，轻便好用，给用家很大信心。

▲这支镜头的9片6组镜片中，有1片为非球面镜片，大大提升影像质量。

镜头结构　　非球面

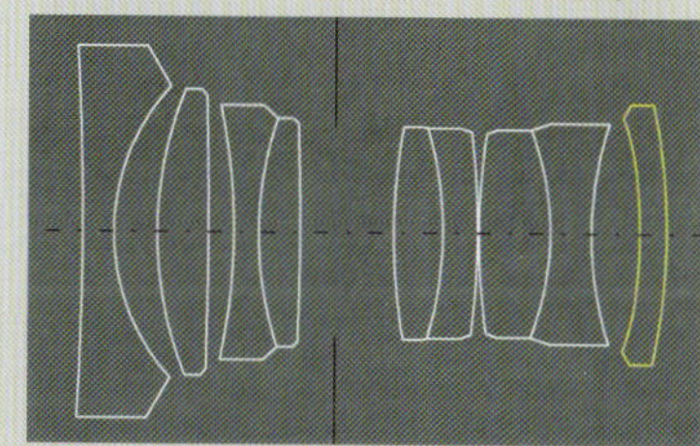

镜头变形测试

28mm

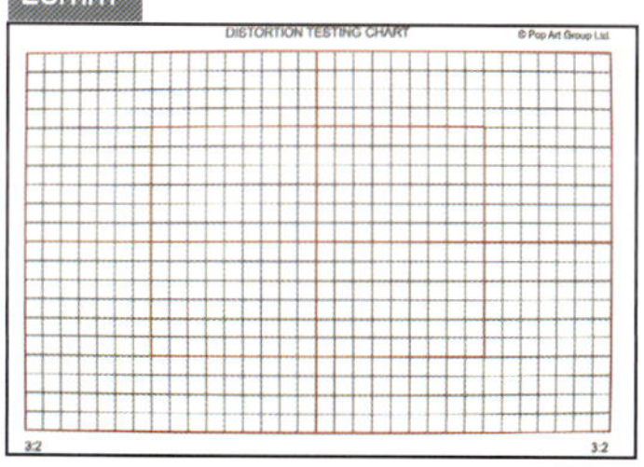

▲测试结果：广角焦距水平差异0.24%、垂直差异0.76%

测试评论：桶状变形情况极轻微

四角失光测试

28mm　　全开光圈：f/2

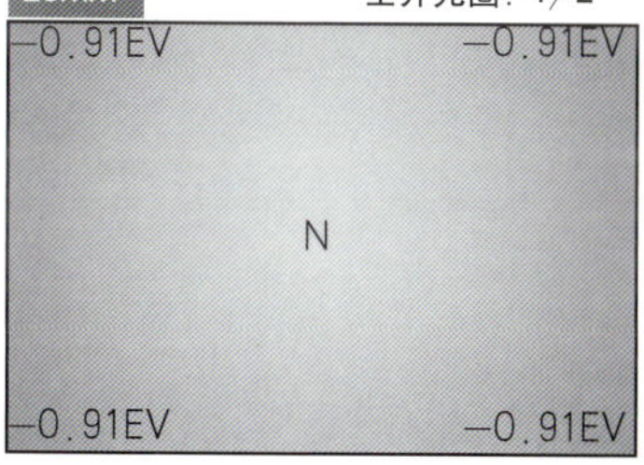

▲测试结果：-0.91EV

测试评论：四角失光轻微

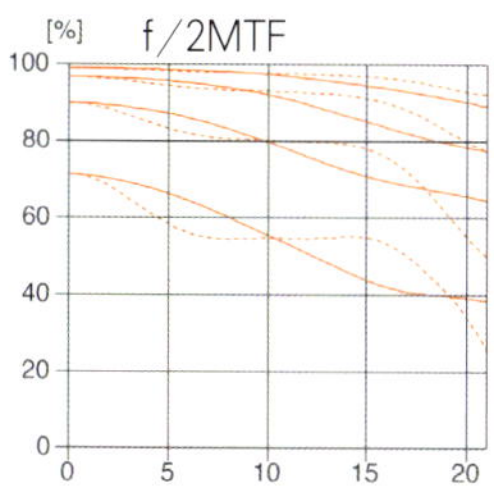

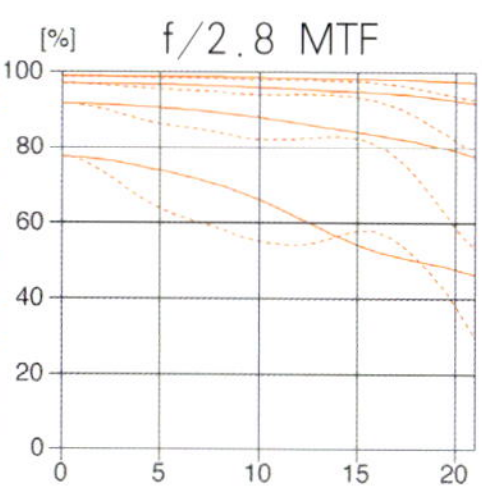

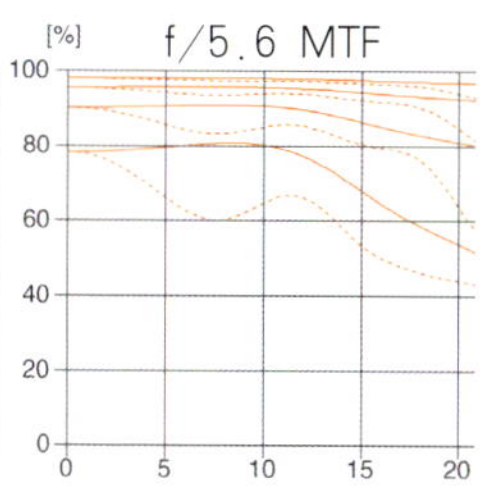

规格表

焦距	28mm（36.4mm配合M8.2）
视角	对角75°、水平65°、垂直46°（配合35mm菲林）
镜头结构	9片6组
对焦距离	0.7m至无限远
对焦显示	包含米/尺指示
放大率	约1:22
最大光圈	f/2
最小光圈	f/16
光圈叶	10片
镜头接环	6-bit LEICA M接环
滤镜	E46
滤镜直径	46mm
遮光罩	外接式遮光罩
体积	约53mm（直径）x40.8mm（长度）
重量	约270g

无可匹敌的大光圈标准镜皇

▲ ISO 160，f/0.95，1/350s

LEICA NOCTILUX-M 50mm f/0.95 ASPH.

▲ 就算是顶级镜头数不胜数的Leica，这支50mm f/0.95依旧是顶级之选，镜皇中的代表之作。

主要特点

高达f/0.95最大光圈，制造震撼浅景深。

影像锐利度极高，即使开尽光圈仍有极佳表现。

四角失光非常低，开尽光圈也令人难以察觉。

镜头造工一流，采用两个非球面镜片。

影像变形极低，影像质量非常高。

这支绝对是Leica的最顶级镜头，也是现在最大光圈的M系列镜头！其最大光圈达到f/0.95，制造令人印象难忘的浅景深，镜头的造工极为精细，影像非常锐利，采用了非球面镜头，保持最大光圈的影像锐利，绝对是Leica最顶级的镜头代表。

源自经典之作

这支50 mm f/0.95镜头其实源自另一支经典之作，在1975年，Leica推出了LEICA NOCTILUX-M 50 mm f/1 ASPH.，其超大f/1光圈在当时震撼全球，而随着Leica的高质量光学设计工艺迅速发展，现在已可利用最新科技将当年的经典之作重新打造，而且更进一步，光圈提升至f/0.95！如果比较这支镜头，你会发现它源自当年50 mm f/1镜头的镜片结构，只以8片镜片就达到了令人惊讶的影像水准。

这支新的50mm f/0.95镜头，能制造令人震撼的浅景深，同时保持锐利的影像。其接近人眼的视角，使用非常方便，如果配合LEICA M8.2，焦距则相当于65mm镜头，依然好用，可以应付大部分题材。

虽然这支镜头有这样的大光圈，但它的体积仍然保持细小，而且重量合理，相对其他镜头来说，以它这样的大光圈，镜身仍算细小轻巧。而且镜头造工一流，简直是镜头中的艺术品。

高质量影像表现

这支镜头的影像质量令人惊叹，从相片的边缘到中央，都有极度平均的锐利度，这是绝对难能可贵的。这支f/0.95镜头的最大光圈本身已经相当锐利，如果将光圈收小至f/2.8，那影像锐利度更会大大提升。

这支镜头的四角失光低至令人难以置信的地步，本来f/0.95这样的大光圈镜头，一般会出现极为明显的四角失光，而很多用家甚至以为这是必定出现的瑕疵，但是对这支f/0.95的镜头来说，即使开尽光圈也没有明显四角失光，令人对Leica的镜头科技感到非常惊讶。

这支镜头的变形也控制到最低程度，如果使用在M8.2身上，更加接近没有变形的状态。

▲ 此镜头其实源自当年的顶级镜头50mm f/1，其镜头结构也和当年之作相似。

▲ 此镜可谓现在Leica的镜皇中的镜皇。

▲ 此镜的光学水准非常高，不但镜头边缘和中央有接近的锐利度，而且四角失光非常低。

镜头结构　　　非球面

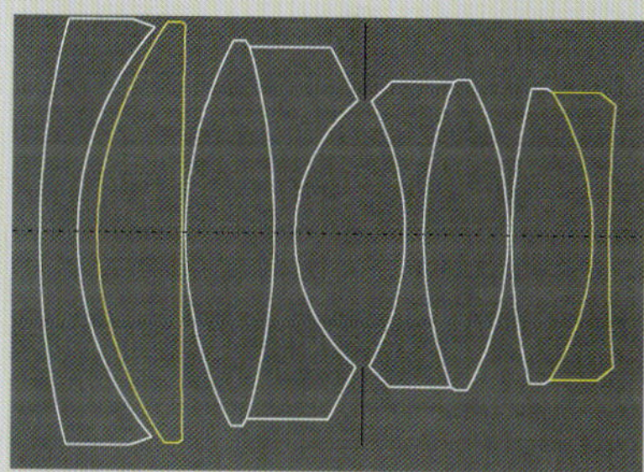

镜头变形测试

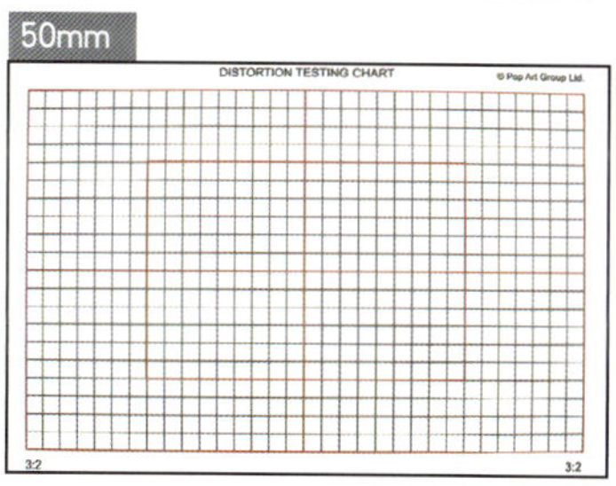

▲ 测试结果：广角焦距水平差异0.32%、垂直差异0.64%

测试评论：枕状变形情况极轻微

四角失光测试

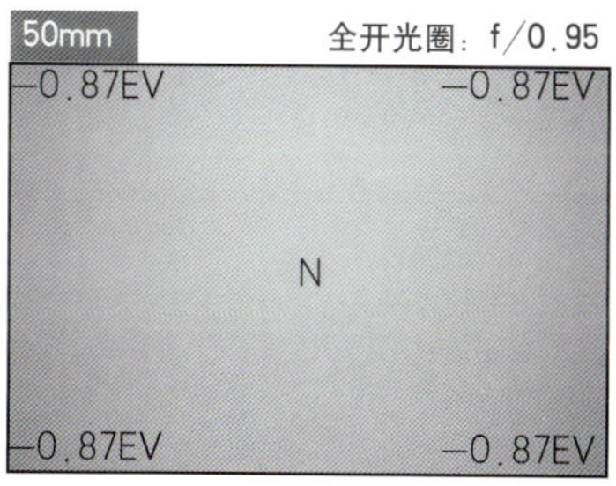

▲ 测试结果：-0.87EV

测试评论：四角失光轻微

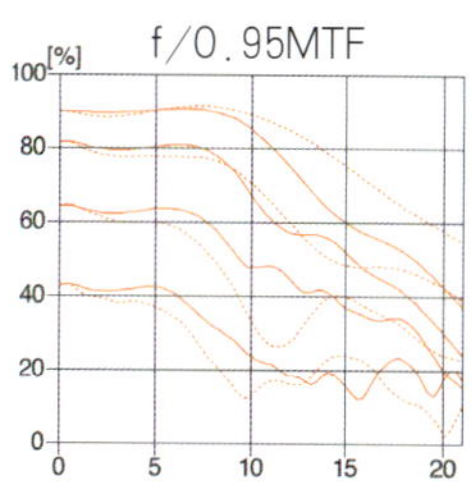

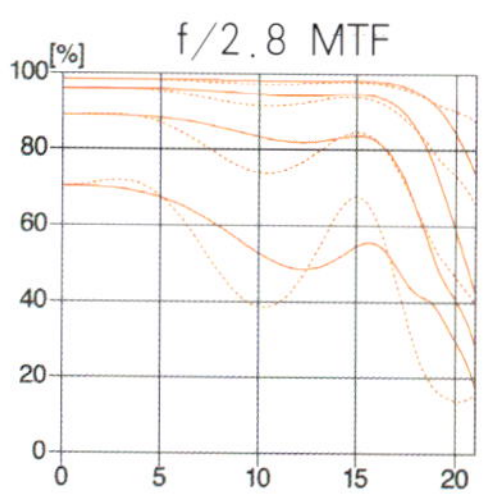

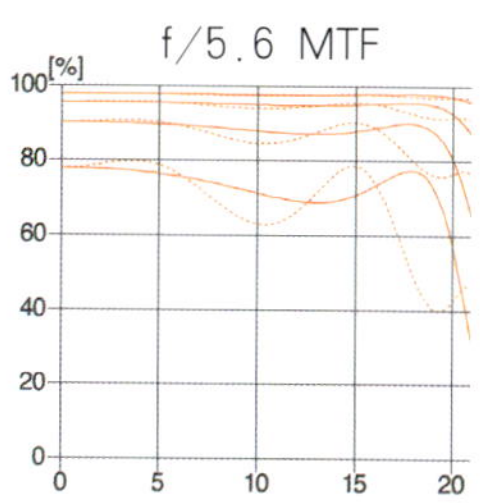

规格表

焦距	50mm（65mm配合M8.2）
视角	对角47°、水平40°、垂直27°（配合35mm菲林）
镜头结构	8片5组
对焦距离	1m至无限远
对焦显示	包含米/尺指示
放大率	约1:17
最大光圈	f/0.95
最小光圈	f/16
光圈叶	11片
镜头接环	6-bit LEICA M接环
滤镜	E60
滤镜直径	60mm
遮光罩	螺丝旋入式遮光罩
体积	约73mm（直径）x75.1mm（长度）
重量	约700g

低色散和非球面的完美结合

▲ ISO 160，f/2.8，1/3000s

LEICA APO-SUMMICRON-M90mm f/2 ASPH.

▲ 这支是Leica首次加入APO和ASPH.镜片的镜头。

主要特点

5片5组镜片结构，让镜头更为锐利。

首支同时加入APO和ASPH.镜片的镜头。

影像没有明显的四角失光及变形。

拍摄的影像清晰锐利，色散控制得极低。

具备f/2特大光圈，有效制造浅景深。

这支90mm f/2镜头，可谓Leica高质量长焦距镜头的代表作，它是首支结合APO和ASPH.镜片的中长距离镜头，开创了Leica镜头的历史。这支镜头的影像质量之高，使用家感到惊叹，它不但影像清晰锐利，而且色差非常低，变形也很少。

首次结合APO和ASPH

这支镜头的最大特色，就是它结合了APO和ASPH.两种镜片，APO能有效清除色差，而ASPH.则是Leica自豪的非球面镜片，这两种镜片的结合，让影像的色差非常低，又能保持清晰锐利。过去的镜头由于没有消除色差的APO镜片，当开尽光圈时，相片往往色彩平淡，现在加入了APO镜片之后，影像得到有效改善，色彩还原大大增加。所以这支镜头即使开尽光圈，也能拍摄理想影像。

整支镜头采用5片5组的镜片结构，细心看的话，可以发现镜头包括了两片高折射玻璃、两片特殊折射玻璃和一片非球面镜片，可以说整支镜头的光学结构都经过细心设计，全面呈现了Leica镜头科技的威力。因此，这支镜头的影像质量非常锐利，是难得的中长焦距镜头。

同时这支镜头采用了极大的f/2光圈，让影像有令人惊喜的浅景深，这样不但有助突出主体，而且在低光环境拍摄，快门都能保持高速，这也是其他同焦距镜头难以比较的。

影像清晰锐利

很多大光圈镜头都需要收小一点光圈，才能获得最锐利的影像，但是这支90mm镜头不同，就算开尽光圈，其影像都非常清晰，而相片的中央和边缘的锐利度接近。如果和收小光圈比较，最大光圈的锐利也很有表现，相差不远，这绝对是因为镜头采用了先进的APO和ASPH.镜片所致。

同时这支镜头的四角失光极低，实际拍摄就更难以发现，如果我们采用LEICA M8.2拍摄，那四角失光甚至消失不见。而我们也发现，这支镜头的变形很低，拍摄建筑物和风景等，都不会因为变形而令影像失色。

▲ 此镜头的影像极为锐利，拍摄的相片非常清晰。

▲ 由于将APO和ASPH.全都用在一支镜头上，令这镜有更高影像水准。

▲ 此镜头采用6-bit接环，和LEICA M8.2完全配合。

镜头变形测试

90mm

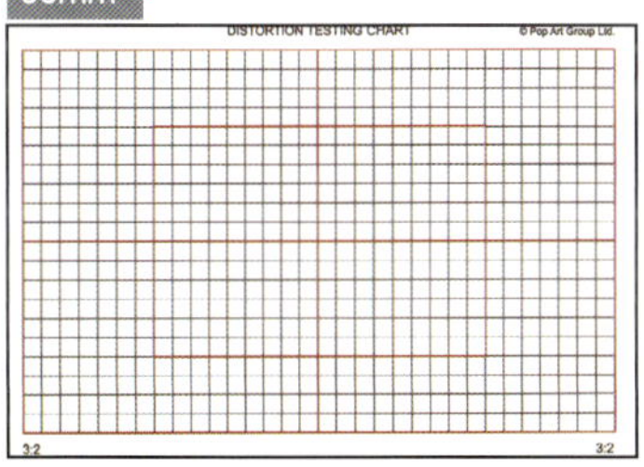

▲ 测试结果：广角焦距水平差异0.05%、垂直差异0.07%

测试评论：枕状变形情况极轻微

四角失光测试

90mm　　全开光圈：f/2

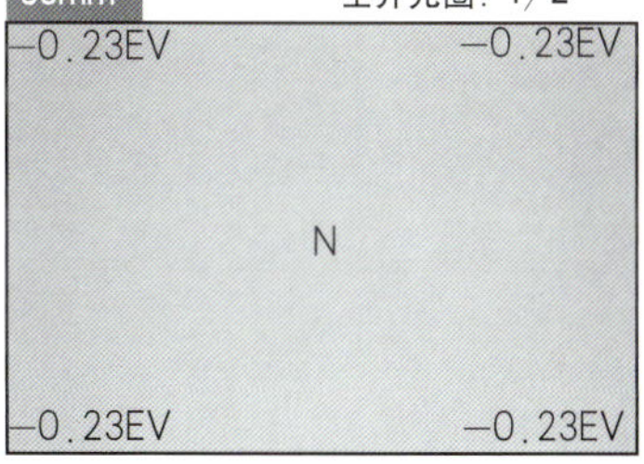

▲ 测试结果：-0.23EV

测试评论：四角失光轻微

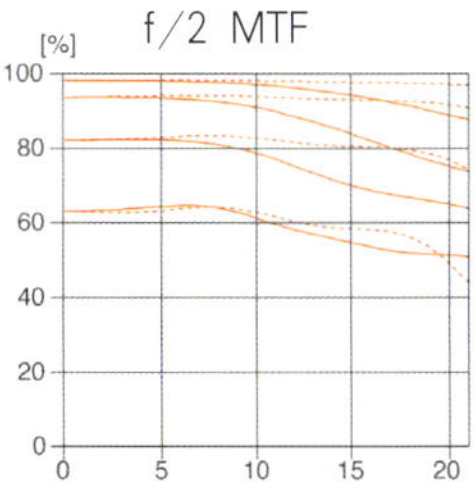

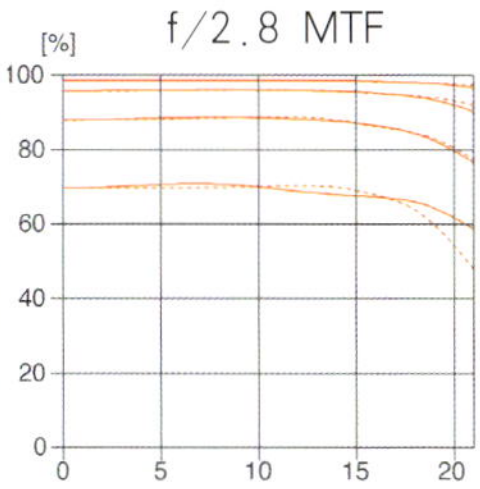

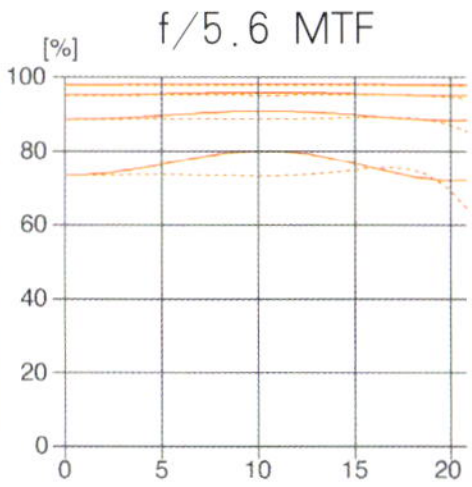

镜头结构　　非球面

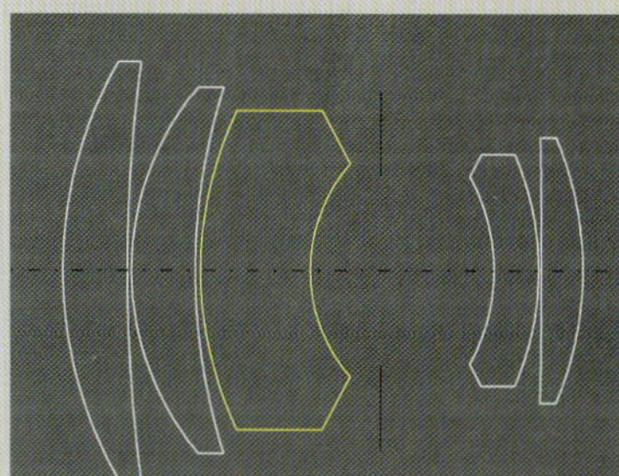

规格表

焦距	90mm（117mm配合M8.2）
视角	对角27°、水平23°、垂直15°（配合35mm菲林）
镜头结构	5片5组
对焦距离	1m至无限远
对焦显示	包含米/尺指示
放大率	约1:9
最大光圈	f/2
最小光圈	f/16
光圈叶	11片
镜头接环	6-bit LEICA M接环
滤镜	E55
滤镜直径	55mm
遮光罩	内置式遮光罩
体积	约64mm（直径）x78mm（长度）
重量	约500g

传统光学的最高表现

▲ ISO 160，f/2.8，1/3000s

LEICA APO-TELYT-M 135mm f/3.4

▲ 这支镜头是Leica最传统之作，是著名的高质量镜头，锐利度很高，表现出色。

主要特点

最传统的高质量长焦距镜头。
5片4组结构包括APO低色散镜片。
色差、色散都控制到最低程度。
镜头的四角失光非常轻微。
拍摄的影像接近没有变形。

这支镜头是Leica传统光学表现的代表作，这支镜头历史悠久，不断改良，影像质量极高，镜头的色差、变形和四角失光接近完全消失，影像锐利度甚至达到了光学设计的顶峰，它也是现在最长焦距的LEICA M系列镜头。

传统光学技术的代表作

这支镜头拥有悠久的历史，早在1931年，Leica推出的第一支可交换镜头就是135mm，经过数十年的改良和发展，这支135mm有了很多改善。这是第一支镜头加入APO镜片，减低长焦距的色差情况，同时减轻了镜头的重量和体积，让镜头更为轻便。

此镜的光学表现达到了最顶级水平，镜头无论中央还是边缘，都有极高的锐利度，色差、色散、变形都被控制到最低。就算镜头全开光圈，都能够保持极佳的锐利度，可以说，这支镜头随时随地都拥有最佳的影像表现。

这支镜头经过Leica镜头设计师的仔细研究，甚至可以修正人眼看不见的光谱，Leica很有自信地表示，摄影师使用红外线菲林拍摄时，我们可以依靠肉眼对焦，不需要另外再作调校。

最顶级的影像质量

这支镜头在全开光圈的时候，具有极佳的锐利度，中央和边缘都很清晰，即使我们开尽光圈拍摄都不需担心质量。如果我们收小一点光圈，那镜头的锐利度会更高。

除了影像锐利，这支镜头的各方面表现出色，无论色散、色差和四角失光都很低，特别是四角失光，肉眼已很难发觉，我们甚至可以说四角失光是接近消失。而镜头变形也很低，基本解决了各种变形情况，配合LEICA M8.2使用，会令变形更加轻微。

这支镜头绝对是Leica的顶级镜皇，它的镜头质量很高，影像锐利，各方面表现都出类拔萃，即使在数码年代，也发挥出色表现。

▶ 在制作上，这支镜头手工一流，比前几代更加轻便和细小。

▲ 如果说传统，此支135mm镜头是最经典之作。

▲ 此镜除了锐利度十足之外，还将四角失光、变形等降到最低。

镜头结构　　非球面

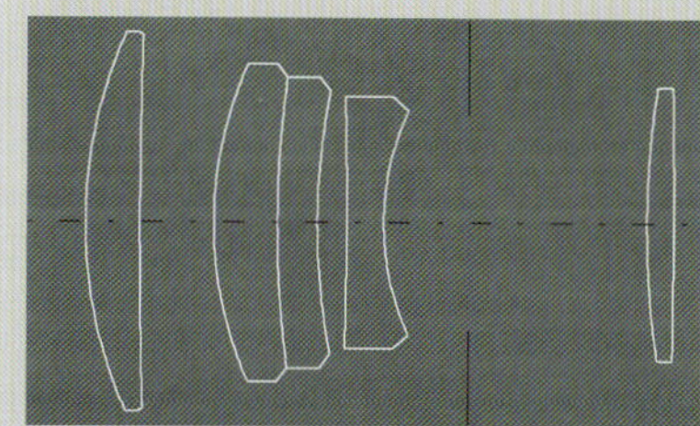

镜头变形测试

135mm

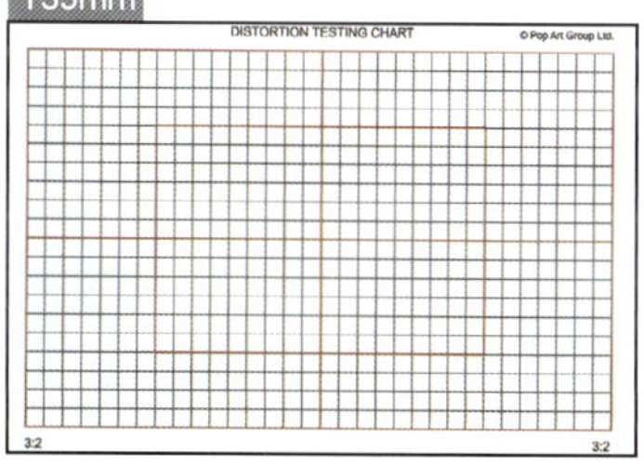

▲ 测试结果：广角焦距水平差异0.017%、垂直差异0.03%

测试评论：枕状变形情况极轻微

四角失光测试

135mm　　全开光圈：f/3.4

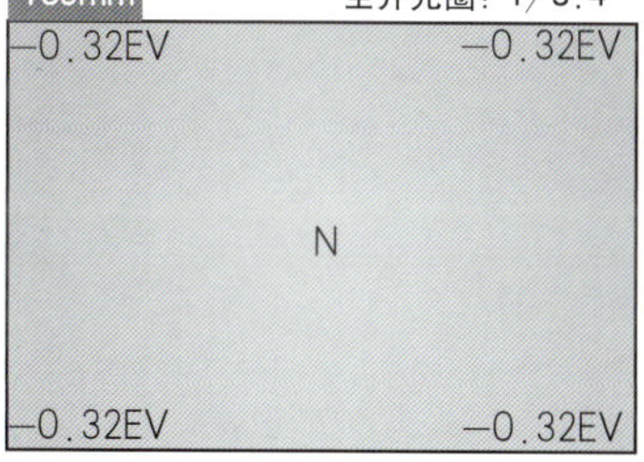

▲ 测试结果：–0.32EV

测试评论：四角失光轻微

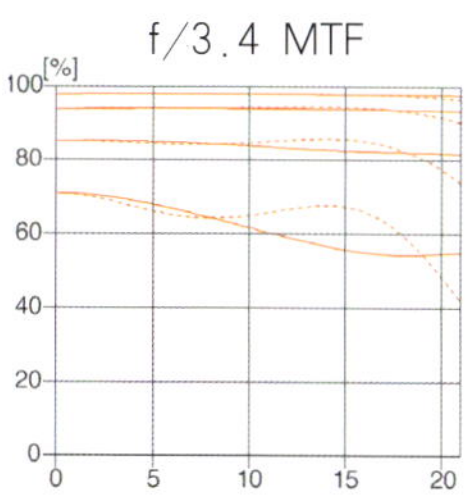

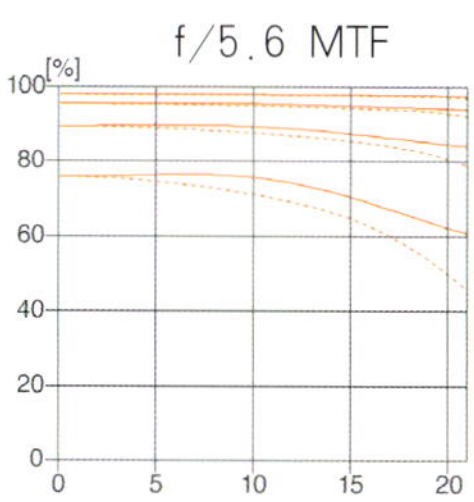

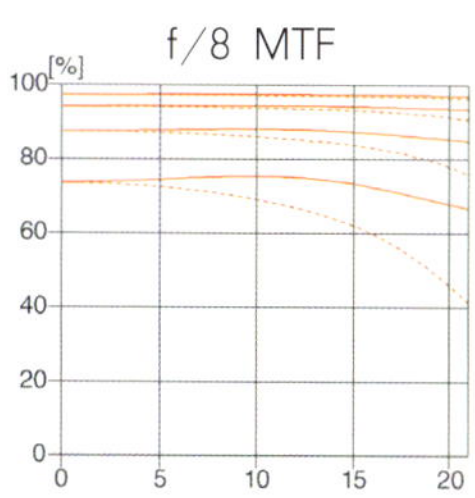

规格表

焦距	135mm（175.5mm配合M8.2）
视角	对角18°、水平15°、垂直10.2°（配合35mm菲林）
镜头结构	5片4组
对焦距离	1.5m至无限远
对焦显示	包含米/尺指示
放大率	约1:9
最大光圈	f/3.4
最小光圈	f/22
光圈叶	10片
镜头接环	LEICA M接环
滤镜	E49
滤镜直径	49mm
遮光罩	内置遮光罩
体积	约58.5mm（直径）x104.7mm（长度）
重量	约450g

超广角三段焦距镜头

▲ ISO 160, f/4, 1/500s

LEICA TRI-ELMAR-M 16-18-21mm f/4 ASPH.

▲ 这支镜头十分特别，涵盖了3个焦距，让镜头同时拥有16mm、18mm和21mm，是Leica镜头发展的里程碑。

主要特点

- 涵盖16mm、18mm和21mm三段焦距。
- 使用10片7组镜片，包括了非球面镜片。
- 每个焦距的影像质量极高，表现出色。
- 备有6-bit接环，可配合LEICA M8.2使用。
- 镜头设计精巧，是Leica摄影科技的代表。

Leica曾推出两支三段焦距镜头，其中一支是LEICA TRI-ELMAR-M 28-35-50mm f/2 ASPH.，另外是这支极高质量的LEICA TRI-ELMAR-M 16-18-21 mm f/4 ASPH.镜头。这支镜头设计特别，涵盖三段焦距，镜头的设计精巧，而且影像锐利清晰，而它的镜头科技更开创先河，是Leica镜头发展的里程碑。

精心设计的镜头

由于这支镜头经过Leica设计师的细心设计，它结合了三段焦距，等于将3支高质量的Leica镜头加在一个镜身上面。其广角焦距使用在LEICA M8.2上面，相当于同时拥有20.8mm、23.4mm和27.3mm。

这支镜头简直是Leica镜头的光学革命，它采用10片7组镜片结构，包括了非球面镜片，最有特色的是镜头加入了专用的内部对焦系统，当镜头对焦时，只有一组镜片会进行相对于其他镜片的移动，其他镜片则保持位置不变，该组移动的镜片会以校正浮动组件的方式运作，所以也抵消了镜头的各种光学瑕疵。

本来任何广角镜头都会出现影像变形，这是受物理现象所限制，而这支镜头几乎完全解决了问题，让镜头边缘的影像都有最佳质量，影像依旧清晰锐利，就算镜头在近距离拍摄，影像四边依旧有足够锐利度和对比度。

16mm高质量影像

这支镜头的每个焦距都有特色，在16mm时镜头的中央和边缘的锐利度都保持质量，如果开尽光圈，其中央的锐利度十分高，而且只要收小一点光圈到f/5.6，镜头的锐利度的表现就更加好，当光圈在f/8时，中央和边缘的锐利度已经没有很大分别。

而且镜头的变形控制得很低，我们没有见到明显的变形状况，证明这支镜头的质量非常好。至于镜头的四角失光，在开尽光圈时也不错，如果收小一点光圈，那四角失光更加低，而且用在LEICA M8.2时，四角失光也不会影响实际拍摄。

▲ 这支镜头可以使用广角观景器，让对焦更为方便。

镜头变形测试

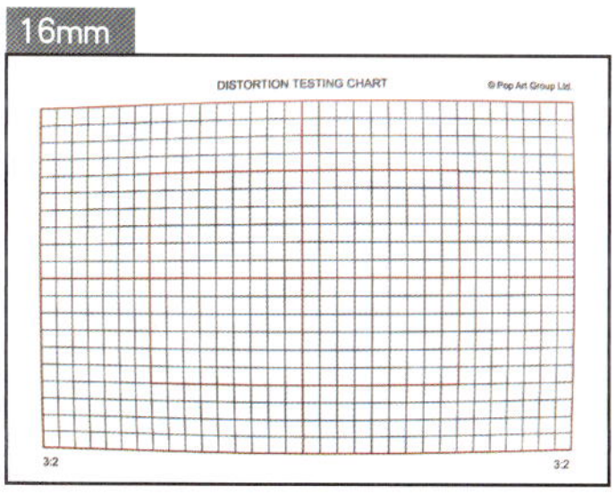

▲ 测试结果：广角焦距水平差异2.47%、垂直差异1.69%
测试评论：桶状变形情况轻微

四角失光测试

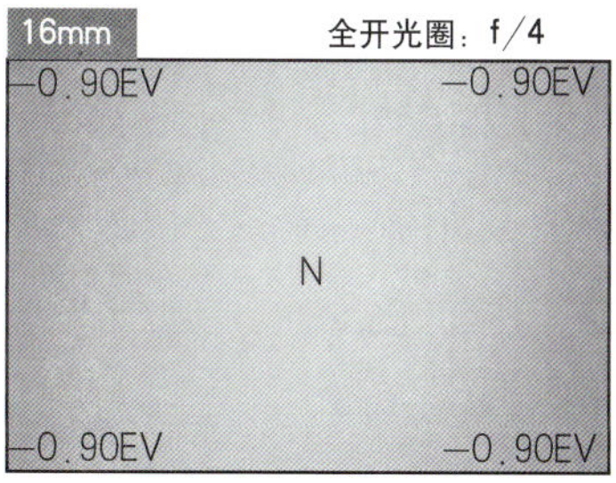

▲ 测试结果：-0.90EV
测试评论：四角失光轻微

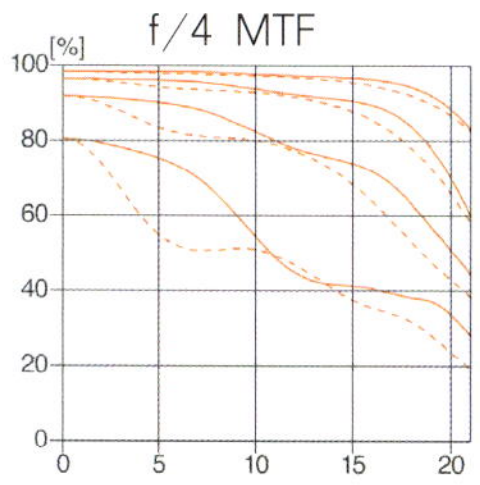

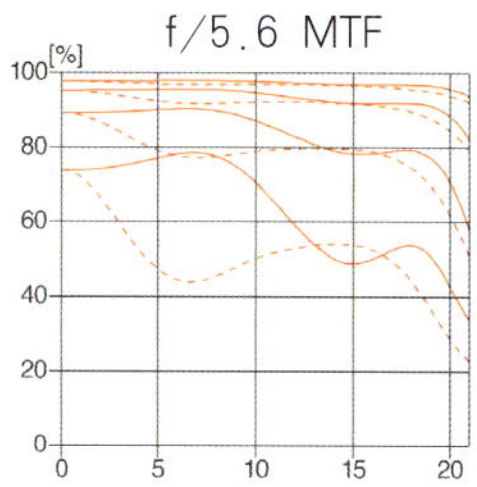

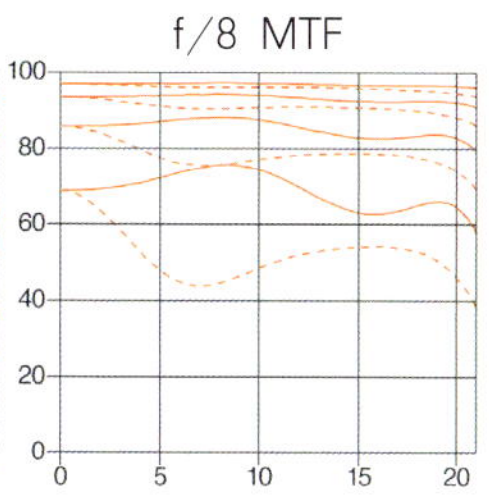

▲ 这个遮光罩设计特别，是为这支三焦镜头专门设计，安装时配合得天衣无缝。

▲ 我们可以说此镜是特别适合LEICA M8.2，因为这支镜头的焦距在M8.2上面，都拥有广角焦距。

专用的配件

这支镜头有几个专用的配件，很值得介绍，包括了遮光罩和广角取景器，其专用的遮光罩设计精巧，其螺丝接环让用家很方便地安装，而安装到最后时，遮光罩会产生清脆的接合声，让用家知道遮光罩已经锁稳，并且保证遮光罩不会偏移。另外一个配件，就是很好用的广角取景器，它可以配合16mm、18mm、21mm、24mm和28mm焦距使用，能够准确预览拍摄的效果，正好和这支三段焦距镜头配合。而这个取景器本身加入了非球面镜片和消除色差镜片所制成，有效保持了取景的清晰锐利。

18mm影像质量不弱

这支镜头的三段焦距，和我们使用的Leica定焦镜头比较，其实相差不远。在18mm的焦距，如果开尽光圈，镜头的锐利度不错，而收小一些光圈，那就连边缘部分的锐利度都大幅提升，当镜头在f/8光圈时，边缘锐利度和中央也没有重大分别，这是很难得的。

作为18mm的超广角焦距，其四角失光和变形都控制得很低，特别是变形的情况控制得不像一支18mm镜头。至于四角失光的情况，只要收小一点光圈，已经不能察觉。

镜头变形测试

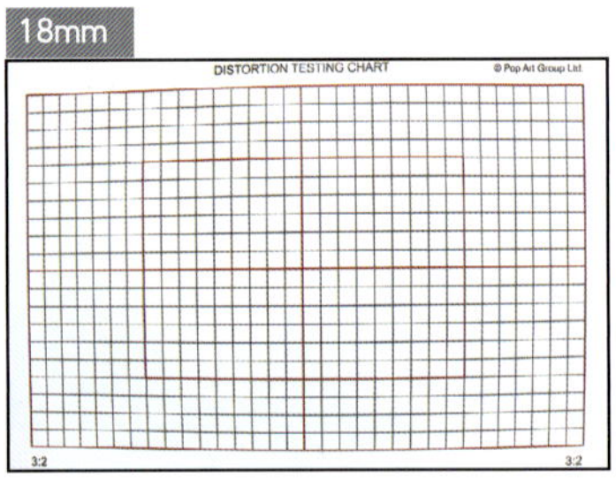

▲ 测试结果：广角焦距水平差异1.21%、垂直差异0.72%

测试评论：桶状变形情况轻微

四角失光测试

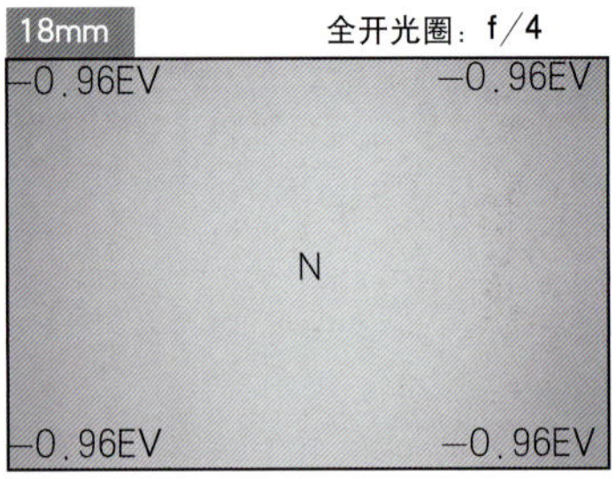

▲ 测试结果：−0.96EV

测试评论：四角失光轻微

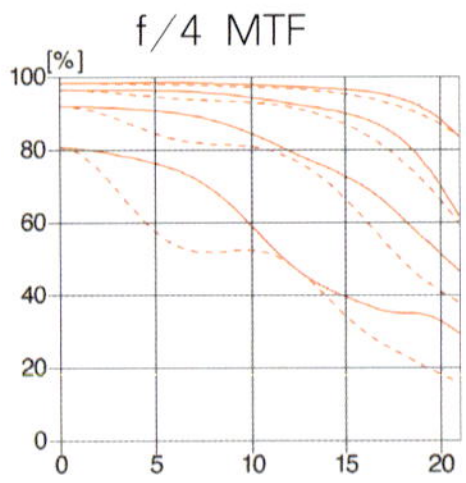

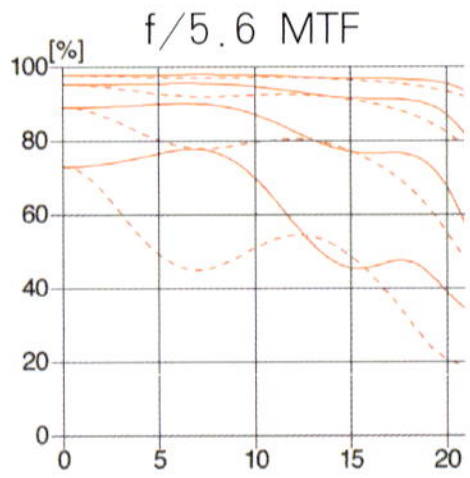

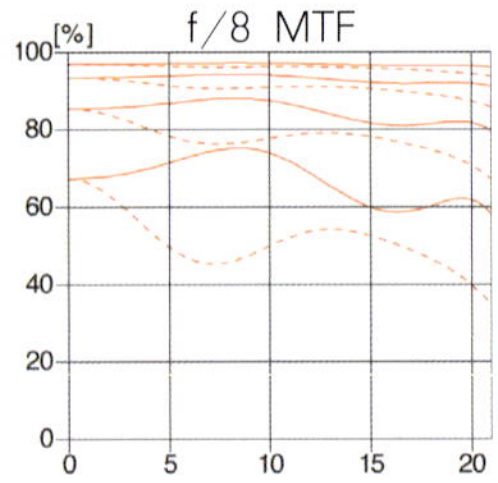

镜头结构　　非球面

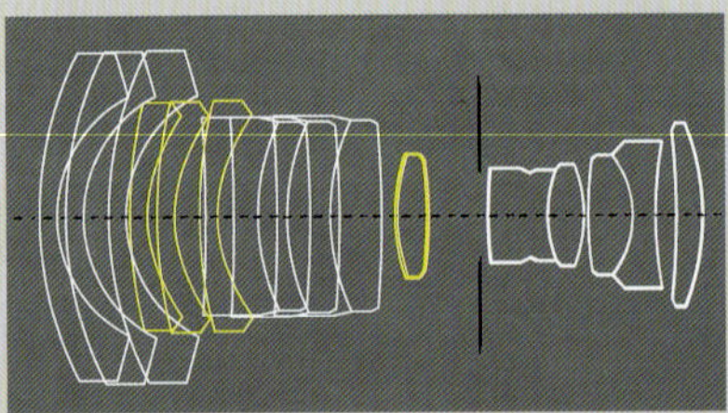

规格表

焦距	16mm、18mm、21mm、(20.8mm、23.4mm、27.3mm配合M8.2)
视角	对角107°、水平97°、垂直74°(16mm配合35mm菲林) 对角100°、水平90°、垂直67°(18mm配合35mm菲林) 对角92°、水平81°、垂直60°(21mm配合35mm菲林) 对角90°、水平80°、垂直59°(16mm配合M8.2) 对角84°、水平74°、垂直53°(18mm配合M8.2) 对角75°、水平65°、垂直46°(21mm配合M8.2)
镜头结构	10片7组
对焦距离	0.5m至无限远
对焦显示	包含米/尺指示
放大率	约1:38(16mm)、约1:35(18mm)、约1:30(21mm)
最大光圈	f/4
最小光圈	f/22
光圈叶	9片
镜头接环	6-bit LEICA M接环
滤镜	E67
滤镜直径	67mm
遮光罩	外加螺丝遮光罩
体积	约54mm(直径)x62mm(长度) 约54mm(直径)x72mm(长度)(连遮光罩)
重量	约335g

21mm表现更佳

这支三段焦距镜头的最佳焦距，应该属21mm，在这个焦距时，镜头的四角失光更加低，变形更轻微，而影像更加锐利。

在21mm时，镜头的锐利度很高，比起16mm和18mm焦距表现更出色。而且镜头的四角和中央都有足够锐利度，当收小光圈，表现就更加好，只要收小到f/5.6，镜头已经表现出色。而此焦距的四角失光很低，而且当用在LEICA M8.2上面时，四角失光就更加轻微。

镜头变形测试

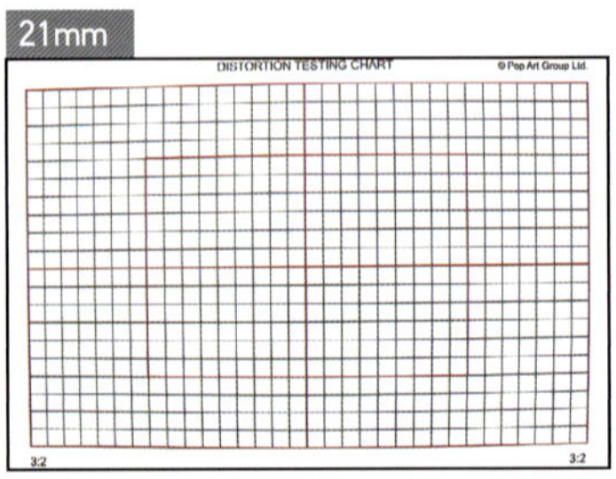

▲ 测试结果：广角焦距水平差异0.51%、垂直差异0.40%

测试评论：桶状变形情况轻微

四角失光测试

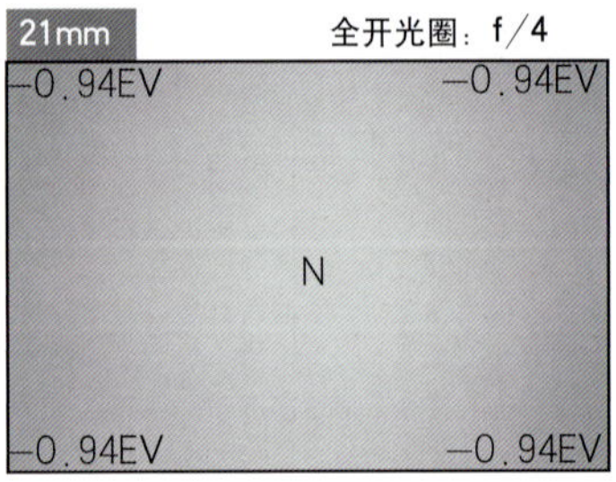

▲ 测试结果：−0.94EV

测试评论：四角失光轻微

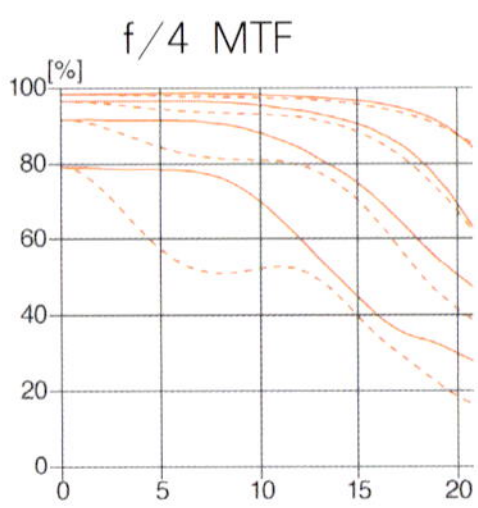

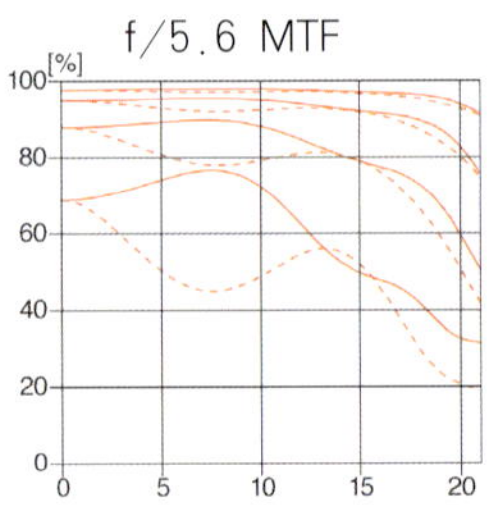

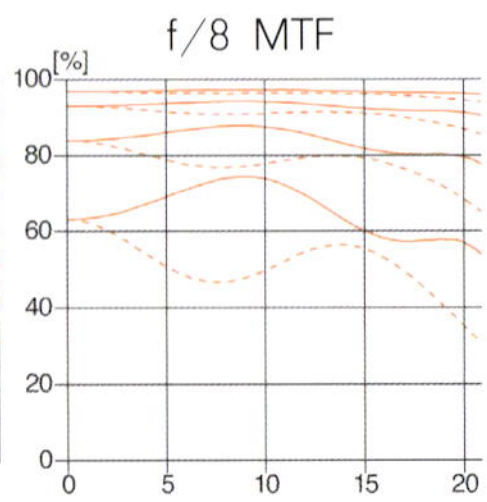

照片最佳化
影像处理流程

M8和M8.2承传了M系相机一贯的高品质传统，而在画质上也得寻求更完美的方案，所以相机加入了DNG的RAW影像档案格式，这与Leica一直以来追求直接而简捷的理念可谓如出一辙，因为它既是一个公开的格式，能直接利用流行的专业影像处理影像软件开启，更可作相当程度的后期修饰，把所拍摄的影像每个细节淋漓地展现，彻底地发挥M8和M8.2的画质潜能。此外，Leica更提供了Phase One 的Capture One 4影像处理软件，其成熟而实际的工作流程不单早已广泛被专业摄影师所认同，更已为不少顶级专业相机所采用。这部份会为大家介绍利用Capture One 4处理M8/M8.2拍摄的DNG影像，以及解构其为摄影师带来的好处。

简单易用的界面

现时随M8/M8.2会附有一个Capture One 4软件，它是一个界面简洁易用的RAW处理软件，可以同时浏览M8/M8.2拍摄的DNG档，或JPEG、TIFF的影像，其优点是可以按部就班将所拍的DNG档作仔细的影像调校，当优化完之后，便可即进行转换档案的步骤，而且可同步批次处理，不用逐一再作剔选，而且可转存为JPEG、TIFF或DNG档，完全符合专业的摄影工作流程所需，以下会逐一介绍在在流程工具列上的各选项设定。

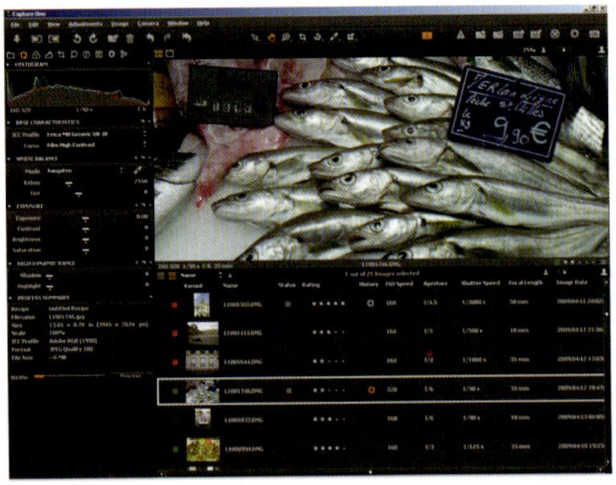

◀ 小图显示列除了可以同样放大缩小，以及加星评分作分类之外，还可显示相机的拍摄资料，尤其是M8/M8.2透过6位元数码编码镜头获得的焦距资料也能显示，方便摄影师掌握照片的情况。

界面各主要项目

1. 主要工具栏
包括移动照片、放大缩小、裁切旋转、白平衡/暗位/光位/曲线点选择、复制/载入修改设定。

2. Workflow栏
由图片库、资料夹浏览到色彩、曝光、裁切、锐利化、减噪等的逐一流程处理，最后当然是转存档案及批次处理等，每项均设有一个工具栏，方便更快和更有效率处理影像。

3. 预览照片区
可单张或多张一同打开，并可逐一放大细看，照片在这里可仔细查看锐利度、色彩和比较修改前后的效果，亦可把高光位和暗位作警告指示。

4. 小图显示
在同一资料夹、相簿内的照片可以一次过载入小图，这部份可以改为详细资料显示，可更快速浏览相片资料。

1. 汇入档案及浏览

要使用Capture One 4 处理M8/M8.2拍摄的DNG档，可以先把记忆卡的档案直接汇入或是从资料夹打开。

而在浏览上也是很方便的，每张照片均可放大仔细检查，最大可达400%，而下方小图的预览同样可以放大缩小，亦可显示详细的拍摄资料。

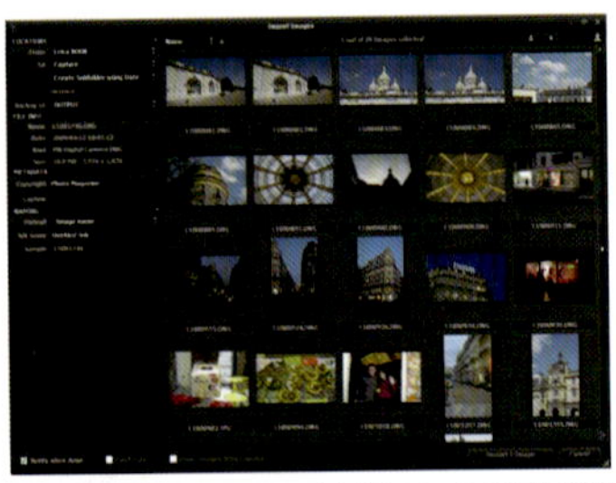

▲ Import Images的版面，可把影像档案汇入指定地方贮存。

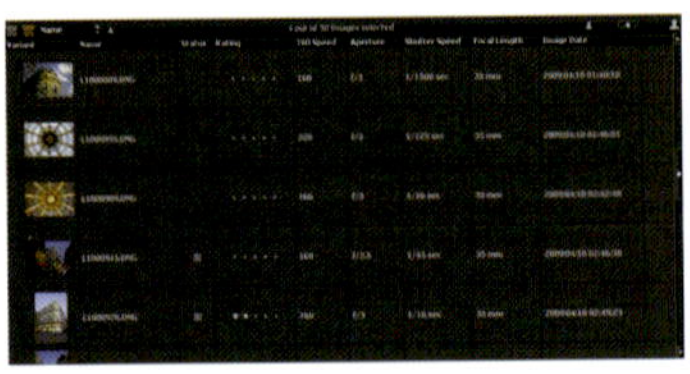

▲ 上方的小图可作详细的拍摄数据检视，并进行分类和评分(最多5颗星)。

DNG的开放格式

DNG的英文全写就是Digital Negative，意即数码负片，是2004年时由Adobe定立的RAW档案格式，为令不同相机或软件可使应用得到，并开放使用权，目的是希望令摄影师可以用这种格式作照片存档，将来不会因为硬件或软件更新而不能打开RAW档影像，Adobe的Photoshop和Lightroom都能支援使用。就好像菲林一样，供处理及输出成照片。

DNG™

2.快速处理

在这个部份，可说是流程的综合部份，它有基本照片特性、白色平衡、曝光、高动态范围等的设定选项，并有转存档案的基本资料，有助摄影师快速地进行照片的修改。若修改已足够，可即时按最下方的「Process」处理，即转存档案。

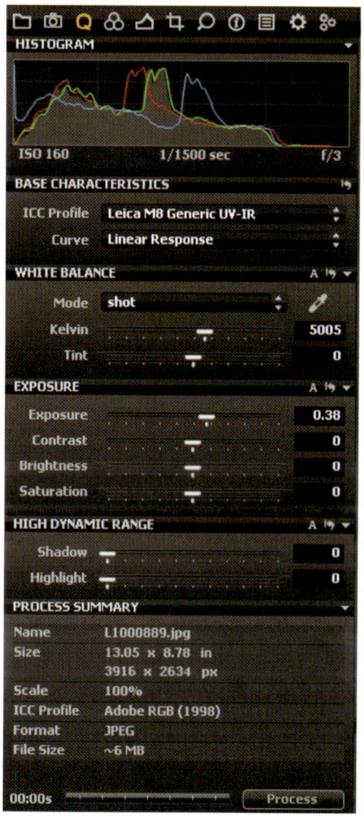

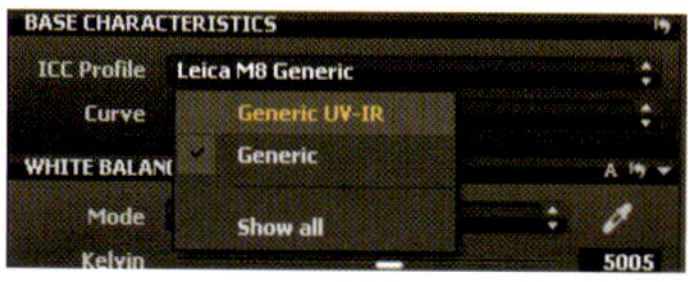

拣选ICC Profile

值得一提的是，Capture One 4可侦测M8/M8.2拍摄的DNG档，并采用相应的色彩描述档(ICC Profile)，这是色彩管理上的基础，而在内分别有「Generic UV-IR」和「Generic」两个选项，前者适合使用了加上UV/IR滤镜拍摄的照片使用。

拣选曲线特性

软件设有四种曲线特性，主要是针对菲林特性，包括「暗位细节菲林(Film Extra Shadow)」、「高反差菲林(Film High Contrast)」、「标准菲林(Film Standard)」和「线性(Linear Response)」。

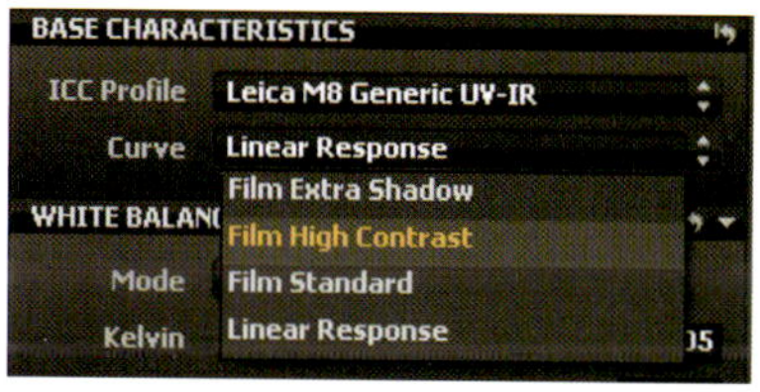

标准菲林 Film Standard (预设)

暗位细节菲林 Film Extra Shadow

高反差菲林 Film High Contrast

线性 Linear Response

3.色彩设定

这项设定主要是调校照片的白色平衡，软件会按拍摄时设定显示，但用家可以用软件上方的探色棒工具，选「读取白色平衡(Pick White Balance)」一项，在照片的中性色彩位置读取光源的白色平衡。当然摄影师也可自己调选色温K值，以及色彩的偏向(Tint)。

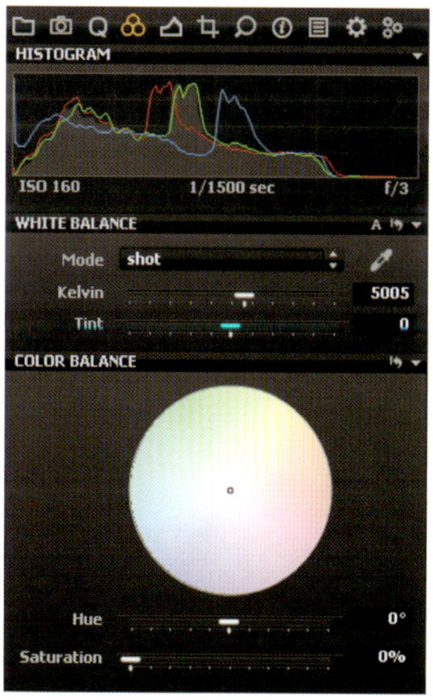

▲ 在软件上方的探色棒工具可以读取白色平衡、暗位、光位和曲线点位置。

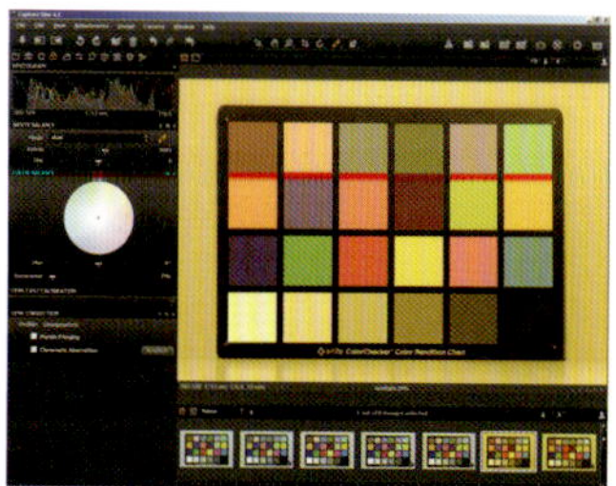

更改白色平衡

原相

光源：钨丝灯Tungsten

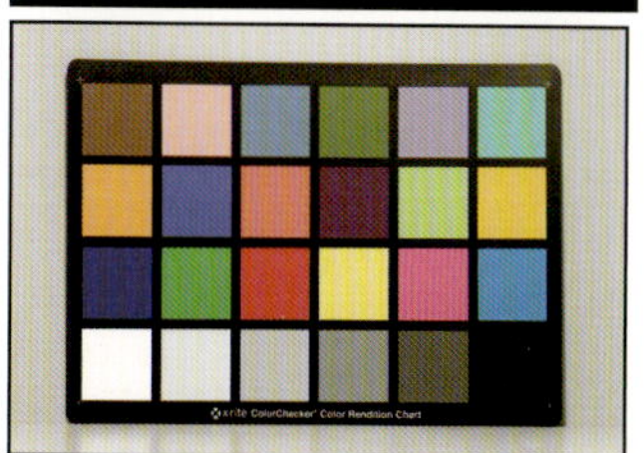

选白色平衡后

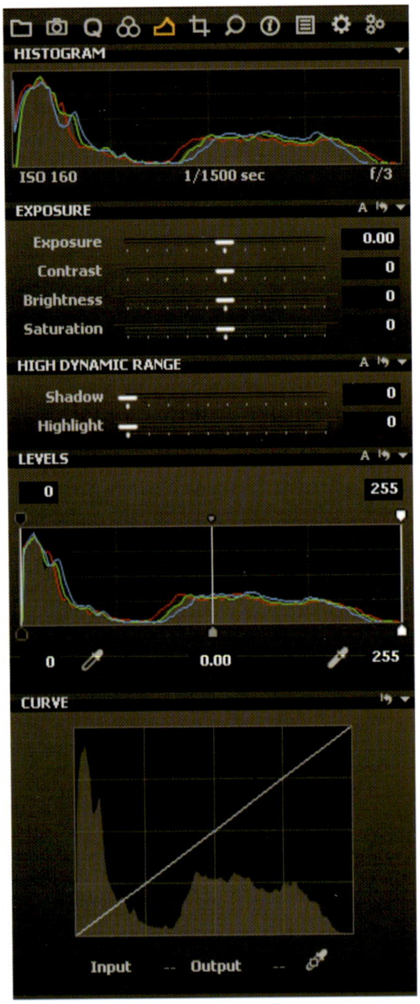

4.曝光及曲线控制

在这项目下可作曝光的调节，多达+/− 2级，此外亦可调节反差、亮度和饱和度。而更重要的是下方的高动态范围(High Dynamic Range)设定，可以把暗位和光暗的细节重现，提供更大的弹性来优化照片，而曝光和HDR功能皆可选自动设定。

原相

HDR (Shadow=54;Highlight=7)

5.裁切及水平

可以选不同的比例作裁切，亦可自由裁切，使用上方的裁切工具进行，会显示格线和实际尺寸。此外亦可作仔细的旋转，最适合校正照片的水平。

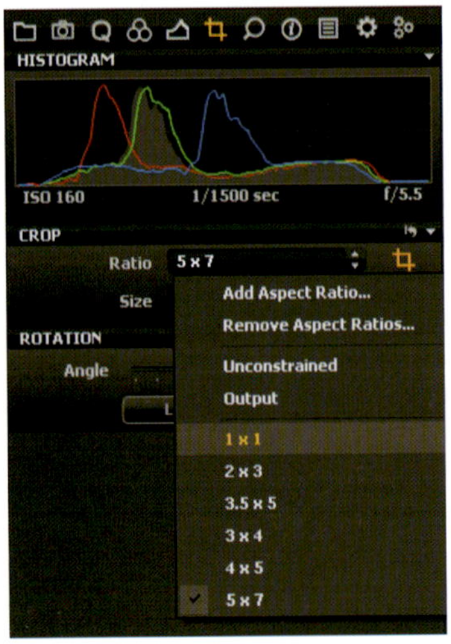

曝光过度或不足的显示

在右上方点击一下三角形，可开启显示照片的严重高光位和暗位，以提醒摄影师该等部份的细节可能产生偏差，以进行适量的调节。

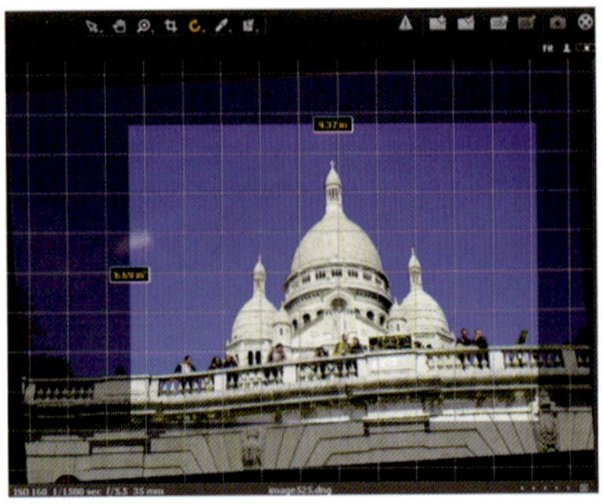

▲ 旋转照片时会即时显示格线，以作参考。

6.锐利化和减噪

在这项目下分别可进行锐利化和噪点的功能，而这两个项目正好是相辅相承的，因为前者使用时可能会把照片的噪点变得明显，所以需要后者减少，以令照片的锐利度和细致度得到改善和平衡。

其实，M8/M8.2拍摄时只要对焦准确，而快门又足够快不手抖的话，基本上是非常的锐利，所以锐化要看需要用吧。

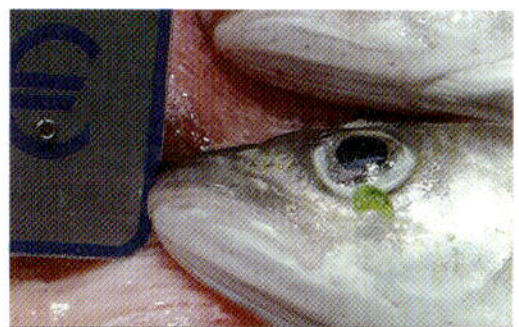

锐利化：Amount=150，
Radius=0.8，
Threshold=1

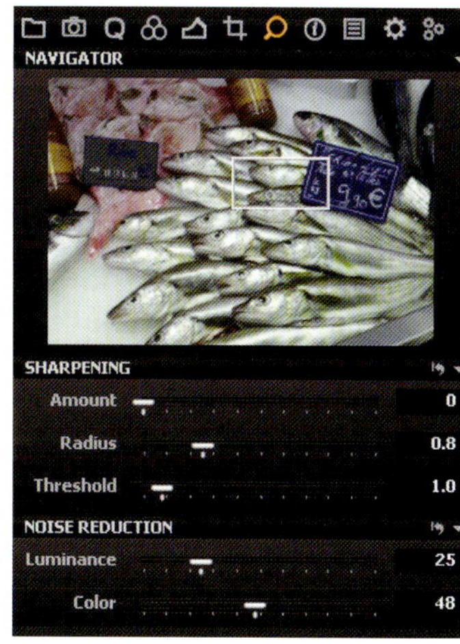

7.复制修改

当为每张照片修改后，其实你可即时将所作的修改项目和参数复制下来，然后再放到其他照片上，这便可加快处理的流程，尤其是属于同一环境下拍摄就最适合。用家亦可以随时选不同的照片的修改设定，放在另外的照片上。在界面的右上方已设有该快速键。

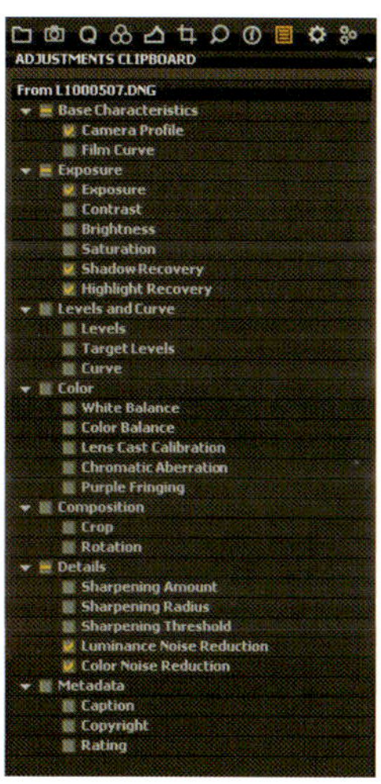

8.输出处理设定

熟悉软件后，在未正式把DNG转存JPEG或TIFF之前，应先在这里把处理影像的设定校好，包括转存档案的格式、压缩度、输出档案的命名等。在这一栏下，用家应选择好输出的照片的色域、JPEG的压缩度等，并拣选输出影像的贮存位置。

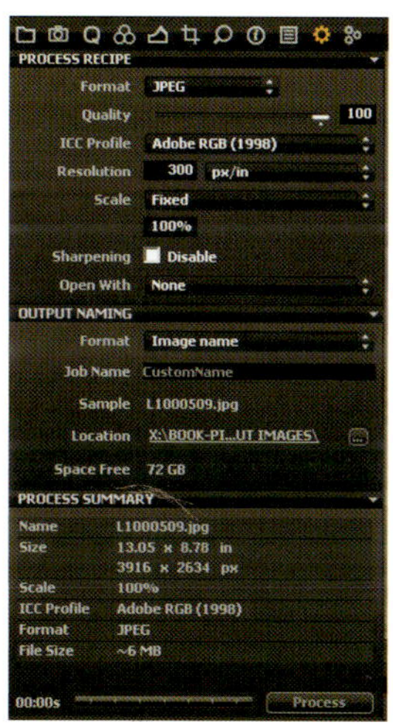

9.批次处理的检视

当每按「Process」就会即把DNG档送到转存的序列里面，被逐一转存为指定的影像档，由于每个档案也需要一定时间，但就会在软件保持排序，顺利完成转档，并可在这「History」栏目下看回已转存的档案。而程式在关闭再开启，仍会提问须否继续转存未完成的档案。

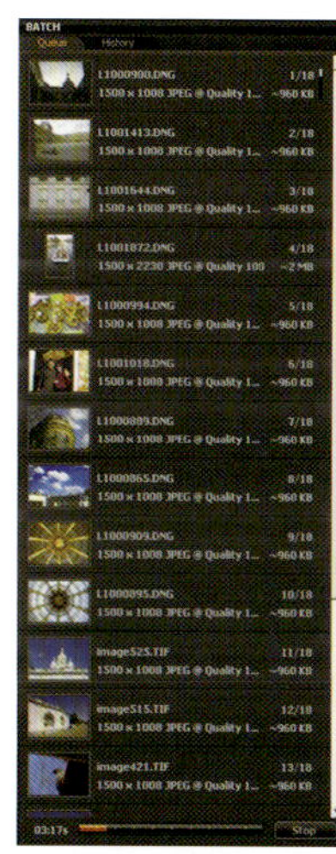

同一照片多个变化

Capture One 4另一个十分受用家喜爱的功能就是可以把同一张照片以不同的设定修改，并变成多张变化相片(Variants)，以便从中作比较，然后挑选最合适的一张，又或者在比较的过程逐一推前或推后，直至选到最满意的一张，然后可把不需要的变化相删去，这便有效率而又不费功夫去多转存数张照片，也能做到合心意的作品。

优化拍摄生活
闪灯与配件选择

M8和M8.2秉承M系的细小和灵巧，现更拥有数码摄影科技带来的方便和快捷，实在令摄影变得轻松自在，不少人也会认为它们会是日常的最佳拍摄伴侣，同时满足传统的M系和新晋的用家，更重要是也能配合到M系相机的配件和闪灯，令摄影生活更富姿采。这一部份会为大家介绍两支Leica主要的TTL闪光灯SF 24D和SF 58，然后就会把相容M8和M8.2的各种配件逐一介绍，当中包括不同款式的相机皮套或软套、相机包、M8/M8.2专用的把手连底盖、取景器目镜放大器、广角取景器、脚架配件、充电器、微距镜头配件套装等等，均为使用M8和M8.2的用家带来不同的优化效果，提升拍摄的享受！

此闪灯的输出达GN24，可配合M8、M8.2、M7和M6 TTL相机作TTL自动闪光拍摄，同时它也可使用A自动模式，设有6个光圈设定(2.0/2.8/4.0/5.6/8/11)，那便可适用于其他相机，在M-TTL自动或A自动模式，皆可作+/-3EV级数的闪光补偿，而且可每1/3级调校，大大提升了操作的弹性。

小型闪光灯
LEICA SF 24D

SF 24D的ISO感光度范围于M手动/TTL自动模式时为ISO 12至ISO 3600，换言之，可完全涵盖了M8和M8.2的ISO范围，而于A模式时则为ISO 25至ISO 800。而灯头的照射角度则可基本涵盖相当于135的35mm焦距，但可再加上两种分别为24/28mm和85mm扩散片于灯头前，以增加其可照明的焦距范围。

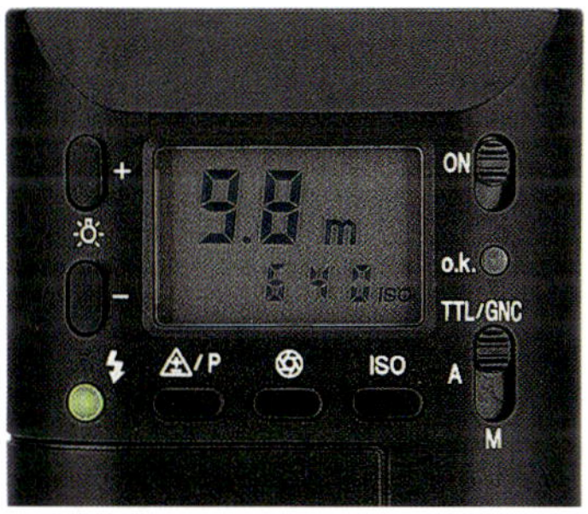

▲ 在TTL或A自动模式时，相机会把ISO感光度资料传至相机，确保闪光度准确被控制。

▲ 闪灯头可加两种扩散片，以涵盖不同的焦距角度，一种是24/28mm，另一种是85mm。

▲ 使用两个3V的123A锂电池，可令充电时间更短。

取景器内的闪光提示

M8和M8.2在取景器内下方的红色LED灯最右方设有一个闪光指示，当使用上相容的M-TTL闪光灯，便会亮起以示准备闪光，而不同的闪烁频率代表不同的状态，如充电中，闪光正确、过度或不足等。

平衡现场光度的闪光

M-TTL自动闪光是透过一下预闪光作主体的测量，然后才正式发射出正式闪光曝光，而且可以配合相机的设定，尽量保持与现场光度平衡的效果。摄影师可在M8/M8.2主选单里「自动慢速闪光同步」选择相机在使用闪光灯时的最慢快门。

这是Leica最专业的闪光灯，可用于M系、R系和S系相机之上，其输出量高达GN58(ISO 100/21°)，灯头亦可作多角度调校，以及内设自动变焦灯头，获得相机提供的镜头焦距资料后便会即时自动调节，确保能涵盖应有的闪光涵盖角度。

专业级闪光灯

LEICA SF 58

这支SF 58作为顶级闪灯，当然还有不少强劲性能，包括设有一个USB口供更新Firmware之用。而前方设有一盏补光灯，当把主灯头作反射闪光时，它可作补助光之用。这灯除TTL自动外，亦有A自动和M手动模式，备同步遥控闪光(slave function)、频闪等创作性功能，加上内设过热控制系统，在高速和高输出的连续闪光下，都能作出保护，发挥专业的效能。

▲ 闪灯头可作多种角度调校(垂直−7° / +90°，水平−180° /+120°)，方便使用反射闪光，而且只用一个按钮来锁定，快速方便。

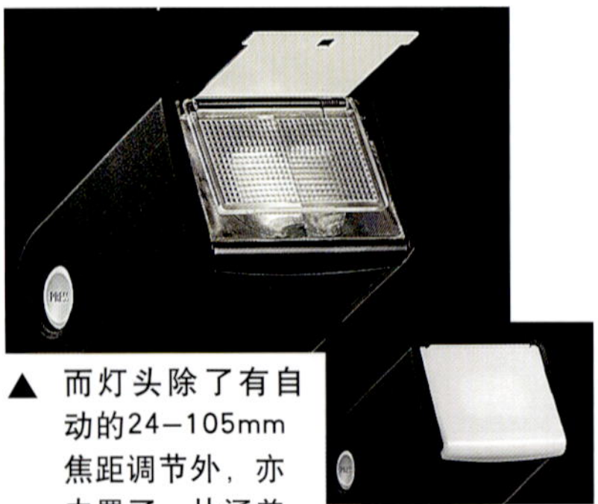

▲ 而灯头除了有自动的24−105mm焦距调节外，亦内置了一片涵盖18mm的扩散片，在上也有一个小白卡，可作反射闪光。用家亦可加一块扩散片以涵盖16mm焦距。

使用闪光灯要锁紧

M8/M8.2的闪灯热靴上设有一个凹孔，当闪灯装上后，可把锁钮旋紧，以令锁针插进此孔，以防闪灯滑脱。

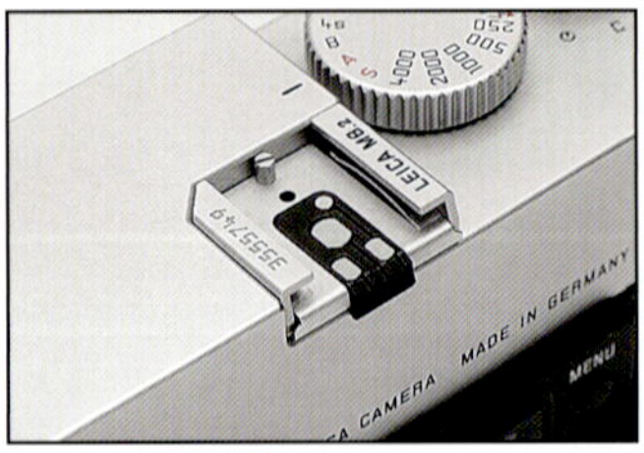

▲ 装在M8/M8.2后，配合6位元数码编码的镜头，可把焦距资料和相机的ISO值传到闪灯上。

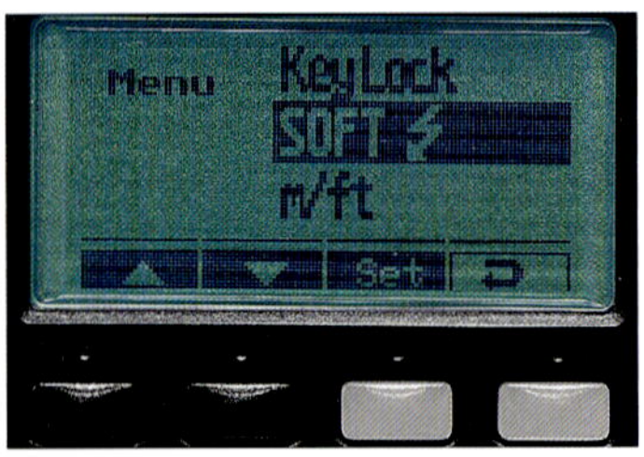

▲ SF 58设有柔和(SOFT)闪光模式，

▲ 设有USB口，供连接电脑以更新闪灯的韧体(Firmware)。

其他配件

LEICA M8/M8.2相机带

LEICA M8/M8.2相机带，具备多种颜色选择，其传统设计，更能配合LEICA M8/M8.2机身，同时让摄影师稳固和舒服地携带相机。

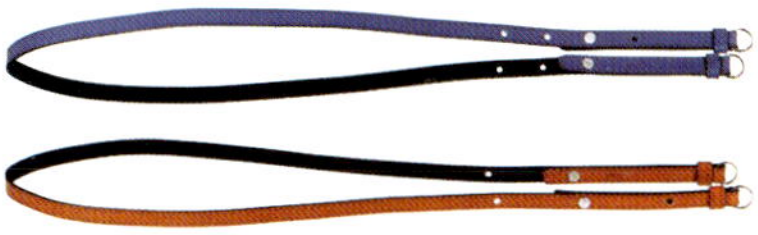

LEICA M8/M8.2真皮宽背带

这种以黑色皮革制造的宽背带，可以让摄影师长时间将相机背在身上，保持舒适。相机带中央部分特别加宽，更能稳定和舒服地挂在颈上，而相机带内部有丝绒，具有防滑作用。

LEICA M8手柄

外加的手柄配件可以令手持相机更加舒服，当摄影师使用大光圈、体积较大的镜头时，可提升握持相机的稳定性。

1.25X、1.4X取景器

为方便使用长焦距镜头而设计的1.25x及1.4x取景器。两个取景器分别配备了黑色皮革袋，设有金属链让取景器平时挂在机身上，方便摄影师随时装配，也保证了取景器不会丢失。两个取景器装在LEICA M8/M8.2的机身上，将景物放大，让摄影师观看景物时更加舒服，更容易确认长焦距镜头对焦的准确性。取景器上面加有橡胶，让配戴眼镜的摄影师取景时不会刮花眼镜。其中1.25x适合50mm或更长焦距的镜头使用，而1.4x则适合70mm或更长焦距的镜头使用。同时取景器明亮的光度让摄影师观看景物时，左右双眼都感到同样的舒服和清晰。

▲ 1.4x取景器

▲ 1.25x取景器

LEICA M8.2手柄

为LEICA M8.2而设计，符合人体工程学，除了让握持相机更舒服，更增加手持拍摄的稳定性。手柄表面覆上了皮革，和相机的皮革完全相配。手柄具有黑色、银色版本，黑色手柄使用了黑色LEICA M8.2相同的抛光漆皮。

轻便的充电器

为LEICA M8.2而设的快速充电器，其设计细小，比过去Leica数码相机的充电器更加细小，外型设计精巧。当充电约2小时后，电池的电量将满达百份之八十，充电器上面的LED灯会转为黄色，此电量足以连续拍摄约400张照片，如果电池完全充满，电池足以连续拍摄500张照片。此快速充电器让摄影师随时迅速为LEICA 8.2补充电力，无须惧怕电力不足影响拍摄。

▶ 14470新型充电器

◀ 过去的14463充电器

M8/M8.2快门线

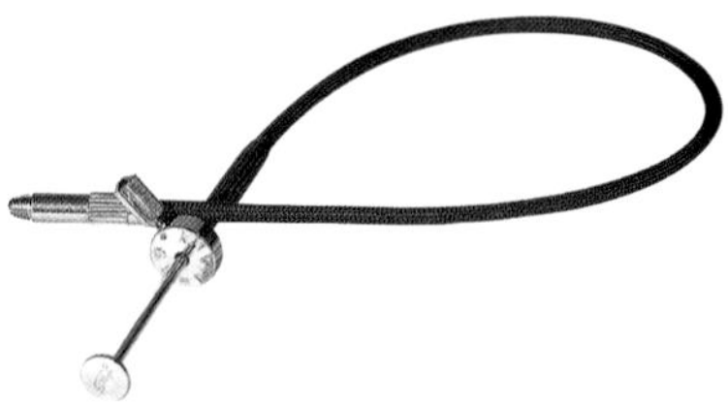

50cm长的M8/M8.2快门线，为摄影师作长时间曝光而设，减低快门震动的影响。

LEICA M8.2专用电池

为LEICA M8.2和M8特别设计的高容量锂电池，容量达1900mAh，电压为3.7V。

21mm及24mm专用亮线框取景器

由整块黄铜加工而成的精致取景器，为21mm及24mm镜头专用，并有LEICA M8/M8.2特别设立的取景框，使镜头焦距转换之后也能使用，备有用绒毛皮革制造的高质量皮袋，其光亮的取景线框让摄影师可以极其准确地取景。设有黑色和银色版本，可和机身相配合。

21/24/28mm镜头专用取景器

这是为21/24/28mm镜头特别设计的取景器，黑色电镀外形，配有皮革口袋保护取景器。其取景框可以准确显示21mm、24mm和28mm拍摄范围，而精准的设计让摄影师有效校准Leica M系列镜头的视差。

桌上小型三脚架

为户外拍摄而设计的桌上小型三脚架，备有1/4吋螺丝，细小轻便，让摄影师随身携带，摄影师可用三脚架抵住墙面或者肩膀，保持拍摄的稳定性。

M型通用型广角取景器

此广角观景器提供 16mm、18mm、21mm、24mm和28mm共5种焦距的取景框，也正好配合Tri-Elmar-M 16-21-24mm f/4 ASPH镜头使用。此取景器内置了视差校正装置，可随着对焦距离的改变而修正构图范围。此取景器可安装在闪灯的热靴插座上，当配合不同镜头时，取景框线会分别显示。而内置的水平仪可帮助摄影师调整相机。为了提升取景质量，采用了非球面镜片与特殊折射率玻璃，减低耀光的影响，我们更可在观景器上加装LEICA M 型的曲光度镜片，配合不同用家需要。

Leica微距套装

在使用Leica Macro Elmar–M 90mm f/4镜头时，我们就可以进行微距拍摄，而同时需要使用Leica M微距接环和Leica M斜角取景器，这也成为了Leica三件的微距拍摄套装。

其Leica M微距接环让Leica Macro Elmar–M 90mm f/4镜头适当地安装在LEICA M8/M8.2上面，此时镜头拥有0.5–0.77m的拍摄距离，同时产生大约1:6.7–1:3的放大率，拍摄面积由161x241mm–72x108mm。而此M型近摄接环可跟相机的对焦连动，以便校正相机取景窗的视差。

同时Leica设计了专用的斜角微距取景器，让对焦更准确仔细，特别是其斜角设计，即使摄影师以贴近地面的角度拍摄，也能很舒服地取景。此取景器采用螺丝转入式装配，观看角度可以自由转动。装上之后，原本相机的取景窗中央大约8.7mm直径的影像会经由斜角取景器投射进入眼睛，所以我们仍能方便地读取相机的曝光资料。

▲ Leica Macro Elmar–M 90mm f/4

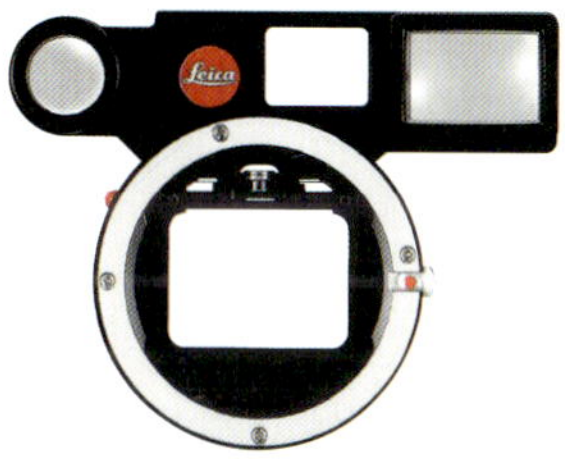

▲ Leica M微距接环

▲ Leica M斜角取景器

小型球型云台

可以和桌上小型三脚架配搭使用的球型云台，其备有1/4吋螺丝，球型云台方便摄影师调校拍摄角度，充满机动性。

M8专用半截式真皮皮套

这是为LEICA M8/M8.2设计的真皮保护套，采用柔软的黑色皮革制成，而半截式设计让摄影师可随时拍摄，不受皮套影响，取景和操作选单都同样方便，同时保证相机有足够保护。

Billinghan相机包

为一众LEICA相机而设的Billingham相机包，由著名相机包制造商Billingham制作，同时加入了Leica相机设计师的概念，更适合Leica相机使用。其采用防水物料制造，内部空间充足，可以容纳两台LEICA M相机，或者装入一个机身和三支镜头。包里充足的空间让摄影师放置长镜头也没有问题，加上包里的保护间隔可以抽取和调动，使用更有弹性，并备有黑色和卡其色两款选择。

尼龙相机套

具有两款不同大小的尼龙相机套，非常适合LEICA M8/M8.2，其相机套的前部可以随时开启，让我们迅速拍摄，同时保持相机带仍联系着相机，防止拍摄时相机掉落。相机套内部也设有放置两张SD记忆卡的位置。尼龙相机套有两种尺寸，较大的尺寸可容纳装上80mm镜头的M8/M8.2机身，而小型的款色可容纳装上60mm镜头的M8/M8.2相机。尼龙套采用柔软物料，非常轻便，也方便摄影师收藏在相机袋中，是相机最佳的保护。

M8专用标准型真皮皮套

此个LEICA M8/M8.2的专用标准型皮套，采用高质量的黑色皮革制造，让LEICA M8/M8.2完全收纳其中，有更贴身的保护性，为了方便摄影师观看LCD屏，皮套专门在背后预留了LCD的空位，不阻碍摄影师观看。而皮套底部可以拆下，让摄影师无须整个皮套脱下，也能更换电池和记忆卡。

<table>
<tr><th>相机</th><th>LEICA M8</th><th>LEICA M8.2</th></tr>
<tr><td></td><td>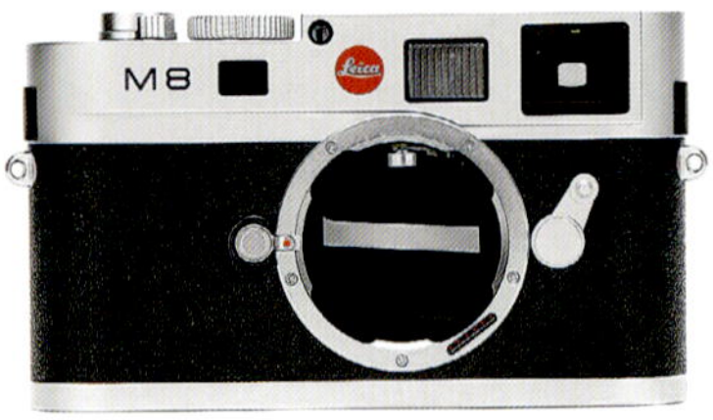</td><td></td></tr>
<tr><td>相机相机类型</td><td colspan="2">可配合Leica M镜头使用的专业轻便型数码观景测距连动相机，设有微处理器操控的金属焦平快门。</td></tr>
<tr><td>影像感应器</td><td colspan="2">为M系镜头优化的低噪讯CCD感应器。
像素：1030万
尺寸：18 x 27mm
延伸系数：1.33x
长宽比：3：2
保护玻璃厚度为0.5mm，当使用额外的UV/IR滤镜时则可完全阻截红外线。不设Moire滤镜，但已配合Moire侦测和数码信号处理消除。</td></tr>
<tr><td>感光度范围</td><td>手动：ISO 160 –2500</td><td>手动：ISO 160 –2500
附加自动ISO</td></tr>
<tr><th colspan="3">观景器</th></tr>
<tr><td>原理</td><td colspan="2">设有自动视差补正的大型亮线框观景器。光学设计可减少杂光进入，在所有光照情况下都能令亮线框有最佳的可视程度。</td></tr>
<tr><td>目镜</td><td colspan="2">–0.5dpt屈光度，可另加配–3至+3dpt的矫正镜片。</td></tr>
<tr><td>构图框线</td><td>每次可同时显示两个亮线框：24/35mm、28/90mm或50/75mm，相机会自动对应所用的镜头而作出显示。于0.7米的距离时可100%涵盖影像感应器。</td><td>每次可同时显示两个亮线框：24/35mm、28/90mm或50/75mm，相机会自动对应所用的镜头而作出显示。于2米的距离时可100%涵盖影像感应器。</td></tr>
<tr><td>框线选择器</td><td colspan="2">可手动调拨至各个焦距的亮线框。</td></tr>
<tr><td>视差补正</td><td colspan="2">不同对焦位置时镜头的摄像和观景器所见的影像之间的水平及垂直差异可作出适当的修正，观景器的亮线框会自动显示与镜头一样的景物范围。</td></tr>
<tr><td>放大率</td><td colspan="2">0.68x（所有镜头）</td></tr>
<tr><th colspan="3">镜头</th></tr>
<tr><td>镜头接环</td><td colspan="2">Leica M系镜头接环，附加6位元数码编码光学感应确认。</td></tr>
<tr><td>镜头系统</td><td colspan="2">可使用现时的16至90mm 6位元数码编码镜头，纵使没有编码亦可使用1954年起生产的任何21–90mm的M系镜头，而几乎所有镜头均可改装为6位元数码编码的镜头。</td></tr>
</table>

6位元数码编码功能	减少镜头边缘的渐晕现象、把镜头资料存入影像档案中作数码处理之用、当使用电动变焦灯头闪灯时自动调节角度、在光圈先决模式下自动慢速同步、使用UV/IR滤镜时对颜色偏移作出修正。
曝光控制	
光圈先决模式（AUTO）	手动预选光圈后，自动取决使用正确的快门速度，并于观景器中显示。
手动曝光控制	自由选择快门速度及光圈 －可于观景器中可到LED灯显示的光度平衡以检查测光。
速写模式	不设有 / 在M8.2可把快门速度盘调至「S」，相机便会自动控制曝光时间、ISO感光度和白色平衡。而选单的选项会减少至最基本的功能，而按下「Info」键时会显示光圈和焦点的提示。
拍摄照片模式	
s	单帧照片，即每按一下快门便拍摄一帧照片。
C	连拍照片，可以每秒2帧的速度连拍，最多连拍10帧。
自拍功能	可选择2秒或12秒延时。在相机前方观景器位置里会有LED灯亮起作倒数。
控制/显示	
相机前方	镜头接环、框线选择器
机顶	主开关掣(M8.2有更佳的阻力以防意外开机)及快门释放钮、快门速度转盘、LCD状态显示：显示剩余帧数和电池量。
机背	2.5吋彩色显示屏(M8.2设有蓝宝石防刮花玻璃)、可作选项和放大的快速转盘、4向的方向键供选单选项及照片细节检视之用、选单按钮、播放按钮、删除按钮、保护按钮和「INFO」资料按钮。
机底	可锁上的底板，可保护电池及SD记忆卡免受灰尘和湿气入侵。
显示屏	2.5吋23万像素大型液晶显示屏(M8.2设有蓝宝石防刮花玻璃)，供观看照片和选单设定之用，并设有5级亮度调控。拍摄后检查照片的项目：基本的质量评估、使用RGB色调值的Histogram检查曝光及高光位曝光过度检视(局部放大影像后仍可使用)、检查焦点平面、显示画质参数设定和所用镜头焦距(当使用6位元数码编码镜头)。
照片观看大小	9张小格、4张小格、全帧显示和四级的局部放大至100%(1个感应器像素 ＝ 1个显示像素)。
设定选单	
照片设定选单及主选单	当按下「SET」设定按钮，下列照片设定选单的选项皆可被拣选和改变： · 用户个人设定(User Profile)、感光度、曝光补偿、白平衡、影像压缩格式、照片分辨率。 · 若按「MENU」选单按钮，如显示屏亮度调节或色彩管理等选项可于主选单上设定。
照片解像（分辨率）	DNG：3916×2634（1031万像素）；JPG：3936×2630（1035万像素）、2952×1972（580万像素）、1968×1315（260万像素）、1312×876（115万像素）。

相机	LEICA M8	LEICA M8.2

选单语言	德语、英语、法语、西班牙语、意大利语、日本语、中文	
影像格式	DNG(开放式的数码负片格式),2种JPEG压缩比	
DNG档案资料	16位元彩色解像,每帧照片档案为10.2MB	
记忆媒体	SD及SDHC,最多32GB	
白色平衡	自动、6个预设值、手动设定白平衡、色温值设定由2,000K至13,100K。	
色域	Adobe RGB、sRGB、ECI RGB	
	观景器显示(于观景器的底部)	
观景器显示项目	LED的闪灯状态标志、4位7节式的LED数字和顶底的点,以显示下列各项(均会因应环境光度自动调节显示的亮度): · 光圈先决模式中自动计算出来快门速度值显示、已锁定测光值的指示、曝光校正警示、于光圈先决模式时当对测光范围过光或过暗时的警示、当快门超过2秒时的倒数显示、当SD卡已满时的记忆空间警示。 · 三角形的LED提供了光圈设定环和快门速度转盘的方向,以助调整曝光,LED闪动时即警示曝光值会超越测光范围,过暗或过亮。 · 于M8.2,当在「S」模式,红点显示时代表曝光正确,左边箭头亮起警示会有手抖,右边箭头亮起警示曝光过度。	
	曝光测量	
测光方式	在预设的工作光圈下作高度偏重中央的TTL测光。	
测光原理	从金属焦平快门帘中间的一片白色条状区域反射光线。	
测光范围	EV0至EV20(于20°C 室温、f/1.0光圈和ISO 160/23°)。	
测光体	加上集光镜片的矽光敏二极管,设于机身内底部的中央位置。	
	闪光曝光测量/ 使用M-TTL闪光技术控制	
原理	在曝光前发出极短促的测量预闪光,以决定主闪光实际应用的准确输出量。	
适用闪灯	透过SCA 3502基座(第4代以后)的M-TTL闪灯,或使用Leica SF24D、SF58闪光灯、	

闪灯同步快门	1/250秒 纵使在强光下也可开光圈拍摄	1/180秒 纵使在强光下也可开光圈拍摄
手动模式	闪光同步时间由B(bulb)门至1/250秒	闪光同步时间由B(bulb)门至1/180秒
光圈先决模式	自动慢速闪光同步(只适用于6位元数码编码镜头)：自动延伸至最长的闪光同步时间，使用「1/焦距 = 最高快门速度」的规则。 选择使长时间同步快门可以在光圈先决模式下拍摄到与现场光线平衡的闪光照片。	
同步闪光引发时间	可以选择第一帘幕或第二帘幕闪光（须配搭装有SCA3502 M4的闪灯或者是徕卡的SF24D闪灯）。	
闪灯曝光校正	使用装有SCA3502 M4的闪灯时能以1/3EV为间距，校正范围可达±31/3EV。使用SF24D时能够以1/3EV为间距，校正范围为±3EV。	
快门与快门钮		
快门	微处理器控制的焦平面金属叶片纵走式快门。	微处理器控制的焦平面金属叶片纵走式快门（减少操作音量与震动）。
快门速度	在光圈先决模式（A）时，快门速度范围无级段由32秒到1/8000秒。在手动模式时能以半级为间距，快门速度由4秒到1/8000秒。B快门没有时间限制。	在光圈先决模式（A）时，快门速度范围无级段由32秒到1/4000秒。在手动模式时能以半级为间距，快门速度由4秒到1/4000秒。B快门没有时间限制。
快门启动	改良的快门启动将噪音降至最低。由电子式马达负责运作。可于选单中「高级」选项选择「宁静」的延迟快门上弦功能。	
快门钮	三段式快门钮，第一段负责启动相机的电子系统与测光表，第二段负责预锁测光值（在光圈先决模式时），第三段为释放快门（也可用标准接头的快门线释放快门）。	
电源	3.7V电压和1,900mAh电容量的锂离子充电池。	
介面	机身左侧为5针标准迷你USB插孔，供快速的USB 2.0影像传输。	
相机机身		
物料	高稳定度的全金属镁合金机体，能承受经年累月的使用。黑色仿皮贴皮，机顶与底盖以压铸法用黄铜材质制造，有银色与黑色镀铬处理（黑色亮漆版本）。	
脚架接孔	DIN4503 – A1/4（1/4"）规格，位于底部中央。	
体积(阔x高x厚)	38.6x80.2x36.9mm	
重量(不连电池)	大约545g	
标准配备	M8机身（银色为10702，黑色为10701） M8.2机身（银色为10712，黑色为10711） 标准防滑背带（14312）、M型机身盖（14195）、充电式锂电池（14464）、含三种转换插头（欧规、英规、美规）以及车充线的充电器（有充电80%显示功能，车充插头采用欧洲/美国主流规格）、USB线、使用手册、Capture One 4软体DVD、保证书。	

图书在版编目（CIP）数据

徕卡相机传奇 / 伍振荣，胡民炜，黎韶琪编著. – 北京：中国摄影出版社，2009.10
ISBN 978-7-80236-376-2

I. 徕… II. ①伍…②胡…③黎… III. 照相机 – 简介 IV.TB852.1

中国版本图书馆CIP数据核字（2009）第186765号

书　　名：徕卡相机传奇
作　　者：伍振荣　　胡民炜　　黎韶琪
责任编辑：魏长水
装帧设计：上品分享
出　　版：中国摄影出版社
　　　　　地址：北京东单红星胡同61号　邮编：100005
　　　　　发行部：010–65136125　65280977
　　　　　网址：www.cpphbook.com
　　　　　邮箱：office@cpphbook.com
印　　刷：浙江影天印业有限公司
开　　本：16开
纸张规格：185mm × 260mm
印　　张：7.5
字　　数：80千字
版　　次：2009年11月第1版
印　　次：2009年11月第1次印刷
印　　数：1–5000册
I S B N　978–7–80236–376–2
定　　价：48.00元